数学フリーの
無機化学

齋藤勝裕 —— 著

はじめに

『数学フリーの化学』シリーズ第五弾の『数学フリーの無機化学』をお届けします。

本シリーズはその標題の通り『数学フリー』すなわち、数学を用いない、数学が出てこない化学の解説書です。化学は科学の一種です。科学の共通言語は数学です。科学では複雑な現象の解析、その結果の記述を数学、数式を用いて行います。化学も同様です。

しかし、化学には化学独特の解析、表現手段があります。それが化学式です。化学式とそれを解説する文章があれば、数式を用いた解説と同等の内容を表現することができます。本書はこのような化学の特殊性を最大限に生かして、数学なしで化学の全てを解説しようとする画期的な本です。

『無機化学』はもともと数学とは無縁の分野であり、ことさらに仰々しく「数学フリー」などと強調することもあるまい、とお思いになる方も見えるでしょう。確かに高校の化学教科書の「無機物質」の部分を開いて見ると、およそ数学といえるような数式はもちろん、数学的な記述もありません。出てくるのは化学式と反応式ばかりです。

しかしそれは、「無機物質」だけを扱った部分だからであり、本書が扱う『無機化学』は無機物質だけを扱うのではありません。無機化学では無機物質も重要ですが、それと同時に「物質の状態」、「伝導性・磁性」、「酸・塩基」、「酸化・還元」、「電気化学」など、物理化学的、結合論的な部分も非常に重要となります。

このような物理化学的な分野を研究するのには、数学なしでは務まりません。特に無機化合物の結合、構造、物性、反応性の理解には量子化学に基づいた配位子場理論や結晶場理論がないと十分な研究はできません。

本書は「高校化学の無機物質」の部分を「無難になぞる」ことを目的としたものではありません。もちろん、高校化学を復習することから始めますが、行き着く先は現代無機化学の最先端の紹介と理解です。そのためには本来ならば、高等数学に裏打ちされた量子化学の知識がないと困難です。本書の標題を『数学フリーの無機化学』としたのは、数学の助けを借りることなしに無機化学の全体像、更には最先端の無機化学をも紹介したということを強調したいためなのです。

しかし、本書を読むのに基礎知識は一切必要ありません。必要なことは全て本書

の中に書いてあります。しかも、数学は全く用いません。みなさんは本書に導かれるままに読み進んでください。そうすれば、ご自分で気づかないうちにモノスゴイ知識が溜まってくるはずです。そしてきっと「無機化学は面白い」と思われるでしょう。それこそが、著者の望外な喜びです。

最後に本書の作製に並々ならぬ努力を払って下さった日刊工業新聞社の鈴木徹氏、並びに参考にさせて頂いた書籍の出版社、著者に感謝申し上げます。

2016年12月　齋藤　勝裕

数学フリーの「無機化学」

目次

はじめに

第1章 原子の構造と性質 001

- **1-1** 原子の大きさと原子構造 002
- **1-2** 原子量とモルとアボガドロ定数 004
- **1-3** 電子殻とエネルギー 006
- **1-4** 軌道とエネルギー 008
- **1-5** 電子配置-1 010
- **1-6** 電子配置-2 012

第2章 周期表が教えてくれるもの 015

- **2-1** 周期表と電子配置 016
- **2-2** 族と周期 018
- **2-3** 軌道エネルギーの交差 020
- **2-4** 典型元素と遷移元素 022
- **2-5** イオン化 024
- **2-6** 元素の性質の周期性 026

第3章 無機分子の結合と構造 029

- **3-1** イオン結合 030
- **3-2** 金属結合 032
- **3-3** 共有結合 034
- **3-4** 結合のイオン性 036

- **3-5** 混成軌道　038
- **3-6** sp³混成軌道を使った分子の結合状態　040
- **3-7** アンモニウムイオンとヒドロニウムイオン　042

第4章　物質の状態と性質　045

- **4-1** 物質の三態　046
- **4-2** 結晶の種類と性質　048
- **4-3** アモルファス　050
- **4-4** 伝導性と超伝導性　052
- **4-5** 磁性　054
- **4-6** 磁場と磁性体　056

第5章　酸・塩基と酸化・還元　059

- **5-1** 酸・塩基の定義　060
- **5-2** 酸性酸化物と塩基性酸化物　062
- **5-3** 水素イオン指数　064
- **5-4** 中和反応と塩　066
- **5-5** 酸化数と酸化・還元　068
- **5-6** 酸化・還元/酸化剤・還元剤　070

第6章　電気化学　073

- **6-1** 金属の溶解　074
- **6-2** 化学電池　076
- **6-3** イオン濃淡電池と神経伝達　078
- **6-4** 太陽電池　080
- **6-5** 電気分解と電気めっき　082

第7章　典型元素の種類と性質　085

- **7-1** 1族元素の性質　086
- **7-2** 2族、12族元素の性質　088

- **7-3** 13族元素の性質　090
- **7-4** 14族元素の性質　092
- **7-5** 15、16族元素の性質　094
- **7-6** 17族、18族元素の性質　096

第8章　遷移元素の種類と性質　099

- **8-1** d軌道を含めた電子配置　100
- **8-2** dブロック元素とfブロック元素　102
- **8-3** 3〜5族元素の性質　104
- **8-4** 6〜7族元素の性質　106
- **8-5** 鉄族元素　108
- **8-6** 白金属元素　110
- **8-7** 11族元素　112

第9章　レアメタル・レアアースの化学　115

- **9-1** レアメタルの定義と種類　116
- **9-2** レアメタルの産出国と用途　118
- **9-3** レアアースの定義と性質　120
- **9-4** レアアースの生産　122
- **9-5** レアアースの用途　124
- **9-6** レアメタルに代わるもの　126

第10章　放射性元素と原子力　129

- **10-1** 超ウラン元素と放射性元素　130
- **10-2** 原子核反応と放射線　132
- **10-3** 核融合と核分裂　134
- **10-4** 原子力発電と原子炉　136
- **10-5** 原子力発電の問題点　138
- **10-6** 高速増殖炉　140

第1章
原子の構造と性質

全ての物質は原子からできています。原子は原子核と電子からなり、原子核は更に陽子と中性子からできています。原子の構造と性質は、化学の一番の基本です。

1-1 原子の大きさと原子構造

私たちが目にし、実感する宇宙は物質からできています。物質の多くは分子が集まったものですが、全ての分子は原子からできています。

1 原子の大きさと構造

　原子は非常に小さいものです。その直径は10^{-10}mのオーダーです。現代技術はナノテクといわれますが、ナノテクのナノはナノメートルつまり10^{-9}mのことをいいます。すなわち、原子直径の10倍です。ナノテクは原子直径の10倍程度の大きさの物体、つまり大きめの分子を扱う技術のことで、元々は化学技術だったのです。

　原子がどれほど小さいか、たとえで見てみましょう。原子を拡大して1円玉の大きさにしたとしましょう。1円玉をこれと同じ拡大率で拡大したらどれくらいになるでしょう？

　ナント、日本列島がスッポリ入るくらいの巨大な円になります（図1）。

2 原子を作るもの

　原子は構造を持っています。原子は雲でできた球のようなものです。雲のように見えるのは電子雲であり、複数個の電子からできています。
電子雲の中心には小さくて重い（密度が大きい）原子核があります。

　原子核の直径は原子直径のおよそ1万分の1です。つまり、東京ドームを2個貼りあわせた巨大どら焼きを原子とすると、原子核はピッチャーマウンドに転がるビー玉のようなものなのです（図2）。

　原子核は陽子と中性子からできています。陽子と中性子は重さはほぼ等しく、質量数という単位で表すと共に1です。しかし電荷はまったく異なります。つまり陽子は+1の電荷を持ちますが、中性子は電荷を持ちません。ちなみに電子は-1の電荷を持ちますが、重さは無視できるほど小さく、その質量数は0です。

　原子核を構成する陽子の個数をその原子の原子番号Zといいます。そして陽子と中性子の個数の和を質量数Aといいます。ZとAはそれぞれ元素記号の左下、左上に添え字で書きます。原子は原子番号に等しい個数の電子を持ちます。そのため、原子の電荷は全体として中性です（図3）。

第1章 原子の構造と性質

図1 原子の大きさの比較

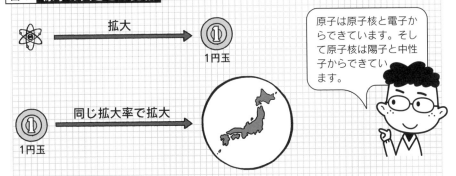

原子は原子核と電子からできています。そして原子核は陽子と中性子からできています。

図2 原子と原子核の大きさのイメージ

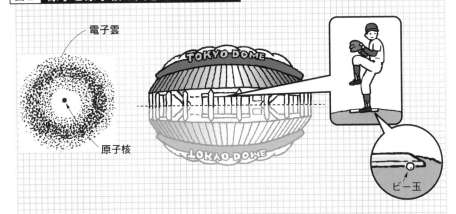

図3 原子と元素記号

		名称	記号	相対電荷	質量数
原子		電子	e	−1	0
	原子核	陽子	p	+1	1
		中性子	n	0	1

$$^{A}_{Z}W$$

A：質量数
W：元素記号
Z：原子番号

ポイント
- 原子は電子雲でできた球であり、中心に原子核がある。
- 原子核は陽子と中性子からできている。陽子の個数を原子番号という。
- 原子は電気的に中性である。

1-2 原子量とモルとアボガドロ定数

原子にも重さがあります。それを原子量といいます。アボガドロ定数個（6×10^{23} 個）の原子の集団を1モルといい、1モルの原子集団の重さは原子量（にgをつけたもの）に等しくなります。

1 同位体

陽子数が同じで中性子数が異なる、つまり原子番号が同じで質量数の異なる原子を互いに同位体といいます。自然界に存在する全ての原子は同位体を持ちます。地球上の水素には中性子を持たない ^1H、1個持った重水素 ^2H（D）、2個持った三重水素 ^3H（T）の3種の水素が存在します。しかしその割合、存在比は大きく異なります。

原子の化学的性質は電子の個数、すなわち原子番号によって決定されます。原子番号の同じ原子の集団を元素といいます。

2 原子量と分子量

簡単にいうと、同位体の質量数の平均（加重平均）を原子量といいます。原子量は同位体の存在比が変われば変化します。そのため、月の水素と地球上の水素とでは原子量が異なる可能性があります。

分子は原子からできていますが、分子を構成する全原子の原子量の総和を分子量といいます。水 H_2O なら「分子量 = $1 \times 2 + 16 = 18$」となります。

3 モルとアボガドロ定数

原子は非常に軽いので、1個の原子の質量（重さ）を量るのは不可能です。しかし、たくさん集まれば質量を量ることは可能です。ある程度集まれば1gになるでしょうし、ちょうど原子量（にgをつけた重さ）に等しくなることもあります。このときの原子の個数をアボガドロ定数 6×10^{23} といいます。そして、アボガドロ定数個の原子や分子の集団を1モルといいます。

これは12本の鉛筆の集団を1ダースというのと同じことです。そして同じ1ダースでも鉛筆の1ダースと缶ビール1ダースでは重さが異なるように、1モルの重さは原子や分子によって異なります。ただし、1モルの気体の体積は全ての気体で等しく、それは0℃1気圧で22.4Lとなっています。

第1章 原子の構造と性質

図1　モルと原子量

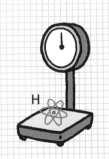

1モルの原子の重量は原子量（にgをつけたもの）に等しいです。そして1モルの気体の体積は原子、分子の種類に関係なく全て等しいです。

図2　モルとアボガドロ定数

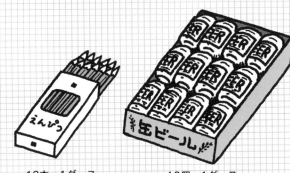

12本＝1ダース　　　12個＝1ダース　　　$6×10^{23}$個＝1モル

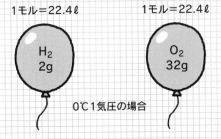

1モル＝22.4ℓ　　　1モル＝22.4ℓ

H_2　2g　　　O_2　32g

0℃1気圧の場合

ポイント
- 原子番号が同じで質量数の異なる原子を互いに同位体という。
- 同じ元素の同位体の質量数の平均値を原子量という。
- アボガドロ定数個の原子、分子の集団を1モルという。

1-3 電子殻とエネルギー

原子に属する電子にはそれぞれの居場所があります。それを電子殻や軌道と呼びます。電子殻や軌道はそれぞれ固有のエネルギーを持ち、収容できる電子の個数も決まっています。

❶ 電子殻

　原子に属する電子には定められた居場所があります。それを電子殻といいます。電子殻は原子核の周りに球殻状に存在します。その名前は原子核に近いものから順にK殻、L殻、M殻…などと、アルファベットのKから始まる名前がついています。

　各電子殻には定員があり、それ以上の電子は入ることができません。その定員数はK殻2個、L殻8個、M殻18個などです。この数はnを整数とすると$2n^2$個となっています。そしてnはK殻＝1、L殻＝2、M殻＝3、…などです。このnを一般に量子数といいます。量子数は量子化学において原子の性質を支配する大切な数字です（図1）。

❷ 電子殻のエネルギー

　原子において原子核は$+Z$に荷電し、電子は-1に荷電しています。したがって両者の間には静電引力というエネルギーEが働きます。ある電子殻に入っている電子が持つ静電引力などのエネルギーを、その電子殻のエネルギーといいます。

　静電引力は電荷間の距離が近ければ大きく、離れれば小さくなります。つまりK殻のエネルギーが最大でありK殻＞L殻＞M殻＞…とだんだん小さくなります。そして距離が無限大になったときには$E=0$となります。距離が無限大ということは、その電子はもはや原子に属していない電子ということになります。このような電子を自由電子といいます（図2）。

　図3は電子殻のエネルギーを表したものです。縦軸はエネルギーですが、注意して頂きたいのは、自由電子のエネルギーを基準の$E=0$として、マイナスに計っているということです。つまり、K殻が最低エネルギーとなっています。

　このようにすると電子殻のエネルギーは位置エネルギーと同じに考えることができることになり、低エネルギーのものほど安定と考えることができます。

第1章 原子の構造と性質

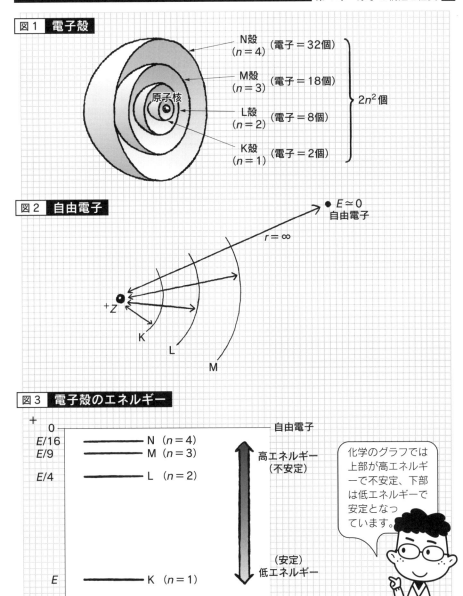

図1 電子殻
N殻 ($n=4$) (電子＝32個)
M殻 ($n=3$) (電子＝18個)
原子核
L殻 ($n=2$) (電子＝8個)
K殻 ($n=1$) (電子＝2個)
$2n^2$個

図2 自由電子
$E \simeq 0$ 自由電子
$r = \infty$
$+Z$
K
L
M

図3 電子殻のエネルギー
0 ――― 自由電子
$E/16$ ――― N ($n=4$)
$E/9$ ――― M ($n=3$)
$E/4$ ――― L ($n=2$)
高エネルギー（不安定）
（安定）低エネルギー
E ――― K ($n=1$)

化学のグラフでは上部が高エネルギーで不安定、下部は低エネルギーで安定となっています。

ポイント
● 原子の電子は電子殻に入る。
● 電子殻の定員は $2n^2$ 個である。n をその電子殻の量子数という。
● 電子殻にはエネルギーがある。K殻が最も低エネルギーで安定である。

007

1-4 軌道とエネルギー

電子殻を詳しく調べたところ、電子殻は幾つかの軌道に分かれていることがわかりました。軌道は何種類もありますが、それぞれ固有の不思議な形をしています。

1 軌道の種類

軌道にはs軌道、p軌道、d軌道などがあり、電子殻を構成する軌道の種類と個数は電子殻によって異なります。

最も小さいK殻はただ1個のs軌道からできています。しかしL殻は1個のs軌道と3個のp軌道の計4個の軌道からできており、M殻は1個のs軌道、3個のp軌道、5個のd軌道の合計9個の軌道からできています。

2 軌道の形

同じs軌道でもK殻のs軌道とL殻のs軌道は互いに異なるため、電子殻の量子数をつけて1s軌道、2s軌道などと呼びます。

軌道はそれぞれ独特の形をしています。それぞれの形を図に示しました。s軌道はお団子のような形です。p軌道はp_x、p_y、p_z軌道の3個セットになっています。それぞれはお団子2個ずつを串に刺したミタラシ形です。p_x、p_y、p_zの違いは串の方向です。p_x軌道は串がx軸方向、p_y軌道は串がy軸方向、p_z軌道は串がz軸方向というわけです。

d軌道は5個セットになっています。d_{z^2}軌道はz軸方向を向いた軌道ですが、残り4個は四葉のクローバーを立体にしたような形であり、$d_{x^2-y^2}$は葉っぱがx軸とy軸上にありますが、残り三つは葉っぱが軸の間にあります（図1）。

3 軌道のエネルギー

電子殻と同じように、軌道にもエネルギーがあります。それを図2に示しました。同じ電子殻に属する軌道ならs<p<dの順に高エネルギーになります。

各軌道には2個ずつの電子が入ることができます。したがって、電子殻全体の定員は前節で見たとおり$2n^2$個になっています。

第1章 原子の構造と性質

図1 軌道の形

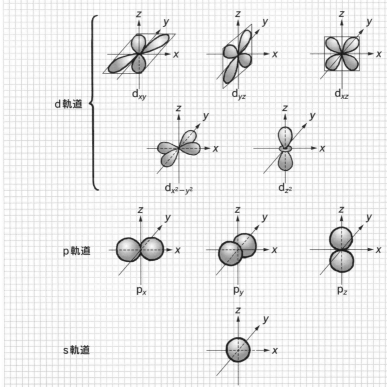

図2 軌道のエネルギー

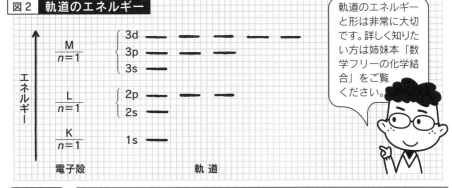

軌道のエネルギーと形は非常に大切です。詳しく知りたい方は姉妹本「数学フリーの化学結合」をご覧ください。

ポイント
- 電子殻はs軌道、p軌道、d軌道などからできている。
- 軌道はそれぞれ独特の形をしている。
- 軌道のエネルギーはs＜p＜dの順であり、定員は全て2個である。

009

1-5 電子配置-1

電子がどの軌道にどのように入っているかを表したものを電子配置といいます。電子配置は原子の性質や化学結合を決定するもので、非常に重要なものです。

1 電子配置の約束

電子は自転、スピンをしています。スピンには右回転と左回転があり、化学ではそれぞれを上下向きの矢印で表します。電子が軌道に入るときには守らなければならない約束があります。それは次のようなものです（図1）。

① エネルギーの低い軌道から順に入っていく。
② 1個の軌道に2個の電子が入るときには自転方向を反対にする。
③ 1個の軌道には2個までの電子しか入ることができない．
④ 軌道エネルギーが等しければ、電子の自転方向の同じ状態の方が安定である。

2 電子配置の実際

上の約束にしたがって、軌道に電子を入れていきましょう。原子番号の順に見ていきます（図2）。

水素H：①にしたがってK殻の1s軌道に入ります。このように、1個の軌道に1個だけ入った電子を不対電子といいます。

ヘリウムHe：2番目の電子は①、②にしたがって1s軌道にスピン方向を反対にして入ります。このように1個の軌道に2個の電子が入ったものを電子対といいます。これでK殻は満員です。このように電子殻が満員になった状態を閉殻構造といいます。閉殻構造は独特の安定性を持っています。閉殻構造以外の構造を開殻構造といいます。

リチウムLi：3番目の電子はL殻の2s軌道に入ります。

ベリリウムBe：4番目の電子は2s軌道にスピンを反対にして入ります。

ホウ素B：2s軌道が塞がったので、5番目の電子は2p軌道に入ります。

炭素C：6番目の電子の入り方にはC-1、C-2、C-3の三種類があります。C-1、C-2では2個の電子の自転方向が逆です。したがって、約束④にしたがって安定な電子配置はC-3ということになります。安定なものを基底状態、それに対して不安定なものを励起状態といいます。

第1章 原子の構造と性質

図1 電子配置の約束

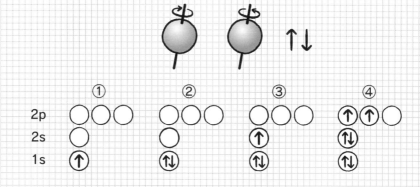

図2 電子が軌道に入る電子配置の動き

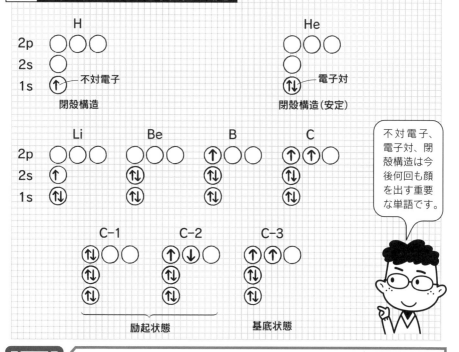

- 電子がどの軌道に入っているかを表したものを電子配置という。
- 軌道に1個入った電子を不対電子、2個で入ったものを電子対という。
- 電子殻に定員一杯の電子が入った状態を閉殻構造という。

電子配置-2

前節で $Z=1$ の水素から $Z=6$ の炭素までの電子配置を見ました。その続きを見てみましょう。特に図1においてタテに並んだ原子の電子配置に注意して下さい。規則性のあることに気づくでしょう。

1 $Z=10$ ネオンまでの電子配置（図1）

窒素N：上と同じ理由で7番目の電子も空いている2p軌道に入ります。この結果、窒素は不対電子を3個持つことになります。

酸素O：3個の2p軌道には全て電子が入っているので、8番目の電子はスピンを逆にして2p軌道に入ります。そのため、酸素の不対電子は2個に減ります。

フッ素F：9番目の電子は上と同じようにしてp軌道に入ります。フッ素の不対電子は1個になります。

ネオンNe：上と同じようにして10番目の電子はp軌道になります。これでM殻は定員一杯となって安定な閉殻構造となります。

2 $Z=11$ ナトリウムからの電子配置

$Z=11$ のナトリウムNaから $Z=18$ のアルゴンArまでの電子配置はこれまでに見てきたものの繰り返しにすぎません。すなわち、新しく増えた電子は3s軌道、3p軌道に入っていきます。ケイ素では炭素と同じ問題が起こりますが、同じように解決されます。そして $Z=18$ のアルゴンになってヘリウム、ネオンと同じ閉殻構造となります。

3 価電子

電子の入っている電子殻のうち、最も外側のものを最外殻といいます。つまりリチウムからネオンではL殻が最外殻であり、ナトリウムからアルゴンではM殻が最外殻となります。最外殻でない電子殻は内殻といわれます（図2）。

最外殻に入っている電子を最外殻電子、あるいは価電子といいます。価電子は原子の性質、反応性を支配する重要な電子です。特にイオンの生成、共有結合の形成で重要な働きをします。価電子のうち、電子対を作っている電子を、特に非共有電子対といいます。

第1章 原子の構造と性質

図1　電子配置（LiからArまで）

	H							H
1s	↑							↑↓

	Li	Be	B	C	N	O	F	Ne
2p	○○○	○○○	↑○○	↑↑○	↑↑↑	↑↓↑↑	↑↓↑↓↑	↑↓↑↓↑↓
2s	↑	↑↓	↑↓	↑↓	↑↓	↑↓	↑↓	↑↓
1s	↑↓	↑↓	↑↓	↑↓	↑↓	↑↓	↑↓	↑↓

	Na	Mg	Al	Si	P	S	Cl	Ar
3p	○○○	○○○	↑○○	↑↑○	↑↑↑	↑↓↑↑	↑↓↑↓↑	↑↓↑↓↑↓
3s	↑	↑↓	↑↓	↑↓	↑↓	↑↓	↑↓	↑↓
2p	↑↓↑↓↑↓	↑↓↑↓↑↓	↑↓↑↓↑↓	↑↓↑↓↑↓	↑↓↑↓↑↓	↑↓↑↓↑↓	↑↓↑↓↑↓	↑↓↑↓↑↓
2s	↑↓	↑↓	↑↓	↑↓	↑↓	↑↓	↑↓	↑↓
1s	↑↓	↑↓	↑↓	↑↓	↑↓	↑↓	↑↓	↑↓

図2　電子殻と価電子

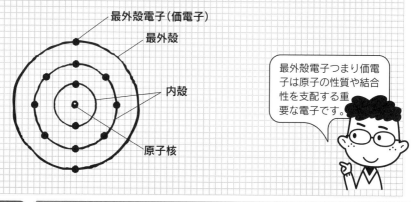

最外殻電子（価電子）
最外殻
内殻
原子核

> 最外殻電子つまり価電子は原子の性質や結合性を支配する重要な電子です。

ポイント
- ●電子の入っている電子殻のうち、最も外側の物を最外殻という。
- ●最外殻に入っている電子を最外殻電子、あるいは価電子という。
- ●価電子はイオンの生成、共有結合の形成で重要な働きをする。

第2章
周期表が教えてくれるもの

周期表は電子のカレンダーのようなものです。たてに並んだ、1族、2族などはカレンダーの日曜、月曜のようなものです。同じ族に属する原子はお互いに似た性質を持っています。

2-1 周期表と電子配置

周期表は原子を原子番号に順に並べ、適当なところで折り曲げたものです。その意味では、日にちを順に並べて7日ごとに折り曲げるカレンダーと似ています。

1 電子配置の周期性

前節1-6で示した電子配置の図をもう一度ご覧ください。規則性があるのに気づくのではないでしょうか？

すなわち、図の左端、それぞれ1行目に並んでいる3個の原子、H、Li、Naは全て最外殻電子（価電子）の個数が1個です。それに対して右端、8行目の3個の原子、He、Na、Arは全て閉殻構造をとっています。

上から第2段目の原子を左から見ていくと、最外殻電子の個数がLiの1個からNeの8個まで、規則的に増えています。これは第3列目に関しても同様です。そしてこの結果、同じ行の原子は同じ個数の最外殻電子を持つことになります。

原子の化学的性質は電子雲によって決定されます。してみれば、行によって最外殻電子の個数が一定してるということは、同じ行に属する原子は似た性質を持つのではないか、ということが考えられます。

2 いろいろの周期表

周期表の意味はまさしく上で見たことです。メンデレーエフが元素の周期性を発見し、原初的な周期表を作った当時には、原子構造は明らかではなく、まして電子配置などという概念はありませんでした。

しかし、周期表が洗練され、それと同時に理論化学が発達すると、周期表はまさしく電子配置を反映したものであることが明らかになったのです。

周期表にはいくつかの種類があります。本書で用いるのは長周期表といわれるもので、最も一般的なものです。しかし、1970年頃までは短周期表といわれるものが主流でした（図1）。そのほかにも渦巻き型の周期表（図2）、あるいは立体的な周期表など、いろいろあります。それぞれに長所短所がありますが、やはり使い勝手が良いのは長周期表でしょう。

第2章　周期表が教えてくれるもの

図1　短周期表

	I A	I B	II A	II B	III A	III B	IV A	IV B	V A	V B	VI A	VI B	VII A	VII B	0	VIII
1	1 H														2 He	
2	3 Li		4 Be		5 B		6 C		7 N		8 O		9 F		10 Ne	
3	11 Na		12 Mg		13 Al		14 Si		15 P		16 S		17 Cl		18 Ar	
4	19 K		20 Ca		21 Sc		22 Ti		23 V		24 Cr		25 Mn		36 Kr	26 K 27 Cu 28 Cu
4		29 Cu		30 Zn		31 Ga		32 Ge		33 As		34 Se		35 Br		
5	37 Rb		38 Sr		39 Y		40 Zr		41 Nb		42 Mo		43 Tc		54 Xe	44 Ru 45 Rh 46 Pd
5		47 Ag		48 Cd		49 In		50 Sn		51 Sb		52 Te		53 I		
6	55 Cs		56 Ba		57〜71 La		72 Hf		73 Ta		74 W		75 Re		86 Rn	76 Os 77 Ir 78 Pt
6		79 Au		80 Hg		81 Tl		82 Pb		83 Bi		84 Po		85 At		
7	87 Fr		88 Ra		89〜103 Ac											

ランタノイド	57 La	58 Ce	59 Pr	60 Nd	61 Pm	62 Sm	63 Eu	64 Gd	65 Tb	66 Dy	67 Ho	68 Er	69 Tm	70 Yb	71 Lu
アクチノイド	89 Ac	90 Th	91 Pa	92 U	93 Np	94 Pu	95 Am	96 Cm	97 Bk	98 Cf	99 Es	100 Fm	101 Md	102 No	103 Lr

図2　渦巻き型周期表

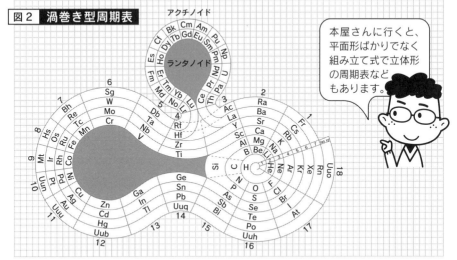

本屋さんに行くと、平面形ばかりでなく組み立て式で立体形の周期表などもあります。

ポイント
- 電子配置には周期性がある。
- 前節の電子配置表の縦に並んだ原子は同じ個数の最外殻電子を持ち、化学的性質が似ていることを伺わせる。

2-2 族と周期

周期表は全ての化学の基礎になるものです。周期表がどのようなもので、どのような情報が盛られているのかを長周期表にしたがって見ていきましょう。

1 族

図1の周期表は長周期表といわれるものです。表の上に1～18の数字が振ってあります。これは"族"の番号です。1の数字の下に縦に並ぶ元素群は1族元素、2の下の元素は2族元素などと呼ばれます。この周期表が"長"周期表といわれるゆえんはこの数字が1～18と長いことです。ちなみに前節で見た短周期表は8族までしかありません。

周期表で最も意味があるのは、どの原子が何族なのか？ということが一目瞭然にわかることです。というのは前節で見たように、同じ族の原子は同じ個数の価電子を持ち、その結果化学的性質が似ているからです。そのため、各族にはアルキル金属とかハロゲンとかの固有名詞がついていますが、それは周期表に示しておきました。

繰り替えしになりますが、『同じ族の原子は似た性質を持つ』これが周期表で最も大切なことです。もちろん例外はありますが、それは後で見ることにしましょう。

2 周期

周期表の左には1～7の数字が振ってあります。これは周期を表す数字です。数字1の右に並ぶ2個の原子は第一周期元素、数字2の右に並ぶ8個の原子は第二周期元素、などと呼ばれます。

この数字は、各原子の最外殻の量子数を表しています。つまり、第一周期はK殻に最外殻電子が入るシリーズ、第二周期はL殻に最外殻電子が入るシリーズです。

ということは、それぞれの周期の原子数は各電子殻の定員数と一致するはずなのですが、実はそうではありません。第三周期は定員数18個のM殻に相当しますから、18個の原子が並ぶはずですが、第二周期と同じ8個しか並んでいません。

これは、次の項で見るように、軌道エネルギーの大小の順に異変が起きているからです。

第2章 周期表が教えてくれるもの

図1 長周期表

族\周期	1	2	3	4	5	6	7	8	9	10	11	12	13	14	15	16	17	18
1	1H 水素 1.008																	2He ヘリウム 4.003
2	3Li リチウム 6.941	4Be ベリリウム 9.012											5B ホウ素 10.81	6C 炭素 12.01	7N 窒素 14.01	8O 酸素 16.00	9F フッ素 19.00	10Ne ネオン 20.18
3	11Na ナトリウム 22.99	12Mg マグネシウム 24.31											13Al アルミニウム 26.98	14Si ケイ素 28.09	15P リン 30.97	16S 硫黄 32.07	17Cl 塩素 35.45	18Ar アルゴン 39.95
4	19K カリウム 39.10	20Ca カルシウム 40.08	21Sc スカンジウム 44.96	22Ti チタン 47.87	23V バナジウム 50.94	24Cr クロム 52.00	25Mn マンガン 54.94	26Fe 鉄 55.85	27Co コバルト 58.93	28Ni ニッケル 58.69	29Cu 銅 63.55	30Zn 亜鉛 65.38	31Ga ガリウム 69.72	32Ge ゲルマニウム 72.63	33As ヒ素 74.92	34Se セレン 78.96	35Br 臭素 79.90	36Kr クリプトン 83.80
5	37Rb ルビジウム 85.47	38Sr ストロンチウム 87.62	39Y イットリウム 88.91	40Zr ジルコニウム 91.22	41Nb ニオブ 92.91	42Mo モリブデン 95.96	43Tc テクネチウム (99)	44Ru ルテニウム 101.1	45Rh ロジウム 102.9	46Pd パラジウム 106.4	47Ag 銀 107.9	48Cd カドミウム 112.4	49In インジウム 114.8	50Sn スズ 118.7	51Sb アンチモン 121.8	52Te テルル 127.6	53I ヨウ素 126.9	54Xe キセノン 131.3
6	55Cs セシウム 132.9	56Ba バリウム 137.3	57La ランタノイド 57〜71	72Hf ハフニウム 178.5	73Ta タンタル 180.9	74W タングステン 183.8	75Re レニウム 186.2	76Os オスミウム 190.2	77Ir イリジウム 192.2	78Pt 白金 195.1	79Au 金 197.0	80Hg 水銀 200.6	81Tl タリウム 204.4	82Pb 鉛 207.2	83Bi ビスマス 209.0	84Po ポロニウム (210)	85At アスタチン (210)	86Rn ラドン (222)
7	87Fr フランシウム (223)	88Ra ラジウム (226)	89Ac アクチノイド 89〜103	104Rf ラザホージウム (267)	105Db ドブニウム (268)	106Sg シーボーギウム (271)	107Bh ボーリウム (272)	108Hs ハッシウム (277)	109Mt マイトネリウム (276)	110Ds ダームスタチウム (281)	111Rg レントゲニウム (280)	112Cn コペルニシウム (285)	113Uut ニホニウム (284)	114Fl フレロビウム (289)	115Uup (288)	116Lv リバモリウム (293)	117Uus (210)	118Uuo (222)
電荷	+1	+2	複雑									+2	+3	−3	−2	−1	希ガス元素
名称	アルカリ金属	アルカリ土類金属											ホウ素族	炭素族	窒素族	酸素族	ハロゲン	希ガス元素
	典型元素		遷移元素										典型元素					

ランタノイド	57La ランタン 138.9	58Ce セリウム 140.1	59Pr プラセオジム 140.9	60Nd ネオジム 144.2	61Pm プロメチウム (145)	62Sm サマリウム 150.4	63Eu ユウロピウム 152.0	64Gd ガドリニウム 157.3	65Tb テルビウム 158.9	66Dy ジスプロシウム 162.5	67Ho ホルミウム 164.9	68Er エルビウム 167.3	69Tm ツリウム 168.9	70Yb イッテルビウム 173.1	71Lu ルテチウム 175.0
アクチノイド	89Ac アクチニウム (227)	90Th トリウム 232.0	91Pa プロトアクチニウム 231.0	92U ウラン 238.0	93Np ネプツニウム (237)	94Pu プルトニウム (239)	95Am アメリシウム (243)	96Cm キュリウム (247)	97Bk バークリウム (247)	98Cf カリホルニウム (252)	99Es アインスタイニウム (252)	100Fm フェルミウム (257)	101Md メンデレビウム (258)	102No ノーベリウム (259)	103Lr ローレンシウム (262)

現在の周期表には118個の元素が載っていますが、93番目以降の元素は人工的に作ったものです。113番元素は日本で作られたので、2016年にニホニウムと命名されました。

ポイント
- 周期表の上の数字は族、左の数字は周期を表す。
- 同じ族の原子は互いに似た性質をもつ。
- 周期の番号は最外殻の量子数を表す。

2-3 軌道エネルギーの交差

前節の最後で、周期表には電子配置と必ずしも一致しない点があることを見ました。この原因は軌道エネルギーの順序が乱れたからです。

1 原子番号と軌道エネルギー

先に軌道のエネルギーは、同じ電子殻に属するものなら s＜p＜d＜f… の順で高くなることをました。そして電子殻のエネルギーは K 殻（$n=1$）＜L 殻（$n=2$）、M 殻（$n=3$）、N 殻（$n=4$）…の順に高くなりますから、軌道エネルギーの順は
1s＜2s＜2p＜3s＜3p＜3d＜4s＜4p＜4d＜4f＜5s…
となるはずです。

図1は軌道エネルギーの順と原子番号の関係を表したものです。原子番号（Z）が大きくなるということは原子核の電荷（$+Z$）が大きくなるということであり、電子との静電引力が大きくなることを意味します。したがって原子番号が大きくなるにつれて軌道エネルギーは大きくなり、安定化し、図の下方へ下降することになります。

ところが、この下降の仕方が軌道によって異なるのです。そのため、軌道エネルギーの変化を表す曲線に交差が表れます。つまり軌道エネルギー順序の逆転が生じるのです。

2 3d 軌道と 4s 軌道の逆転

図で $Z=19$ の軌道エネルギー順序を見てください。4s 軌道のエネルギーが 3d 軌道より低くなっています。つまり
1s＜2s＜2p＜3s＜3p＜4s＜3d＜…
となっているのです。これは M 殻の 3d 軌道に電子が入る前に、それより外側の電子殻である 4s 軌道に電子が入ってしまうことを意味します。そして 4s 軌道に電子が入った後に、改めて、4s 軌道より内側の 3d 軌道に電子が入るのです。

このような、軌道エネルギーの逆転は、原子番号が大きくなると他の場所でも起こります。この結果、電子が入る電子殻の順序は各所で逆転が起こります。これが、周期表を複雑にしている原因なのです。

図1 原子番号と軌道エネルギーの関係

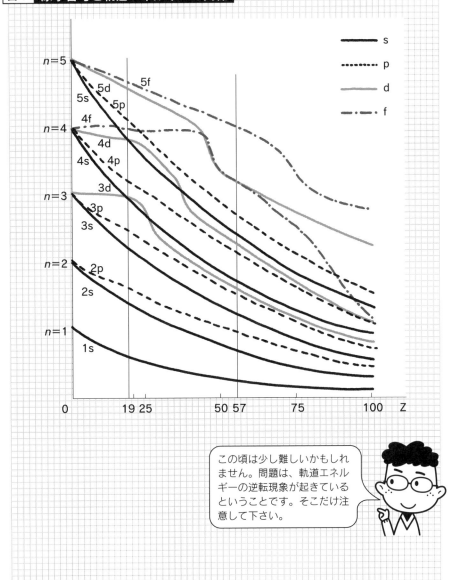

- 原子番号が大きくなると軌道エネルギー順序に逆転が起こる。
- この結果、内殻に空席を残したまま、先に外殻に電子が入る。
- これが最初に表れるのが3d軌道と4s軌道の逆転である。

2-4 典型元素と遷移元素

電子数が変われば原子の性質も変わります。しかし、電子数の変化によって目立って性質の変わる原子もあれば、目立って変わらない原子もあります。

1 典型元素

　研究者が測定機器で原子を観察したとしましょう。この場合、原子のどこが主に見えるでしょう？当然ですが、まず見えるのは原子の外側です。人間だったらスーツです。原子でいったら最外殻電子、すなわち価電子です。価電子が原子の性質を決定するというのはこのことです。

　ところで、原子番号が1増える、すなわち電子が1個増えることによって原子の性質が変化するためには、その電子には原子の最も外側、すなわち最外殻に入ってもらわなければ困ります。内側に入られたのでは変化がハッキリ見えません。

　このように、新たに増えた電子が最外殻に入る原子を典型元素といいます。それは周期表で1、2族、それと12～18族の元素です。典型元素は後に見るように、族ごとの性質がよく似ており、しかも、気体、固体、金属、非金属など、いろいろの性質の原子が揃っています。

2 遷移元素

　新たに増えた電子が内殻に入る原子を遷移元素といいます。遷移元素では新たに増えた電子による変化はいわばスーツの下のYシャツの色に表れるようなものです。注意すれば違いはわかりますが、ウッカリすると変化を見落としてしまいます。

　遷移元素は典型元素以外の元素、すなわち周期表の3～11族をいいます。これらの原子ではd軌道に電子が入る前に外殻のs軌道に電子が入ってしまうのです。

　ところが、もっとすごい原子があります。それはf軌道が関与する原子です。f軌道のエネルギーは外殻の更に外殻のs軌道やp軌道よりも高くなっています。これは新たに増えた電子はスーツの内側のYシャツの更に内側、まるで下着の変化にしか表れません。これが、3族の下方にあるランタノイド、アクチノイド、といわれる原子群です。これらについては後に章を改めてレアアースとして見ることにしましょう。

第 2 章　周期表が教えてくれるもの

図1　典型元素と遷移元素

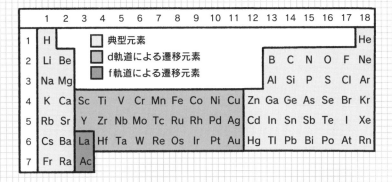

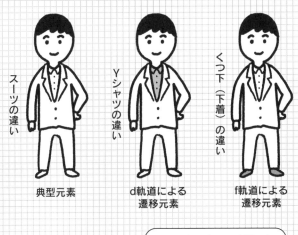

スーツの違い	Yシャツの違い	くつ下（下着）の違い
典型元素	d軌道による遷移元素	f軌道による遷移元素

遷移元素の違いは人間にたとえればYシャツや下着の違いのようなものです。注意しないと違いはわかりません。

ポイント
- 新たに加わった電子が最外殻に入る原子を**典型元素**という。
- 新たに加わった電子が内殻に入る原子を**遷移元素**という。
- 典型元素は族毎に性質が変わるが、遷移元素ではそうでもない。

023

2-5 イオン化

原子や分子が電子を失ったものを一般に陽イオンといい、反対に電子を受け取ったものを一般に陰イオンといいます。イオンは化学反応において重要な役割を演じます。

◼ イオン化エネルギー

原子 A の最外殻の電子に、最外殻のエネルギーに相当する ΔE を与えると、最外殻の電子がそれを受け取り、自由電子となります。つまりこの反応は吸熱反応です。

これは原子 A に属していた最外殻電子が原子から脱出したことを意味し、その結果、原子は原子核のプラス電荷が 1 だけ過剰になります。この状態を A^+ で表し、これを A の陽イオン（カチオン）といいます。

このときのエネルギー ΔE をイオン化エネルギー I_p といいます。

◼ 電子親和力

原子 A の最外殻に自由電子が入ると、そのエネルギー差 ΔE が外部に放出されます。これは発熱反応です。

この結果、原子では電子雲の電荷が 1 だけ大きくなったことになります。この状態を A^- で表し、陰イオン（アニオン）といいます。このとき放出されるエネルギー ΔE を電子親和力 E_A といいます。

◼ 電気陰性度

イオン化エネルギーの絶対値が大きいということは、陽イオンになるのに大きなエネルギーが必要ということであり、陽イオンになり難いということを意味します。逆にいえば陰イオンになりやすいということもできるでしょう。

反対に電子親和力の絶対値が大きいということは、陰イオンになるときにそれだけ大きなエネルギーが放出されるということであり、陰イオンになりやすいということです。

つまり、$|I_P|$ と $|E_A|$ の平均値が大きいということは、その原子が陰イオンになりやすい、すなわち、電子を引きつけやすいということを意味します。この指標を電気陰性度といいます。

第2章 周期表が教えてくれるもの

図1　イオン化エネルギーと電子親和力

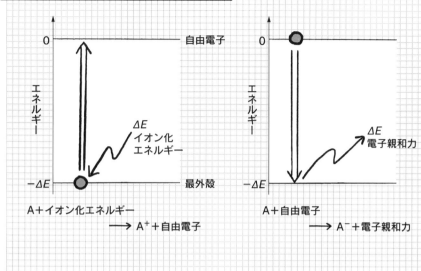

A＋イオン化エネルギー　　　　　　　　A＋自由電子
　　⟶ A⁺＋自由電子　　　　　　　　　　⟶ A⁻＋電子親和力

図2　電気陰性度

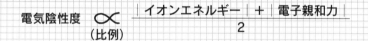

電気陰性度はイオン化エネルギーと電子親和力の絶対値の平均値をもとにして、人為的に決めた値です。電気陰性度の大きい原子などマイナスに荷電しやすくなります。

ポイント
- 原子はイオン化エネルギーによって電子を放出して陽イオンとなる
- 原子は電子を受け取ると電子親和力を放出して陰イオンとなる。
- イオン化エネルギーと電子親和力の平均値を電気陰性度という。

025

2-6 元素の性質の周期性

元素の性質の中には周期表に沿って変化する、要するに周期性を持つものがあります。このような現象が表れるのは周期表が電子配置を反映したものであることにもとづくものです。

1 原子半径

原子半径は最外殻の半径ということができます。周期表の周期数は最外殻の量子数ですから、周期表の下方にいくほど原子半径が大きくなるのは当然です。

では同一周期の中ではどうでしょうか？ 右へいくほど原子番号が増え、電子数が増えるのだから、半径も増大すると考えてはいけません。原子核の電荷も増えるのです。この結果、電子を引きつける力が増えるので、原子半径は小さくなります。

2 イオン化エネルギー

1族原子は電子を1個放出すれば安定な閉殻構造になります。したがって電子を放出しやすく、すなわちイオン化エネルギーは小さくなります。2族も電子2個を放出すれば閉殻構造ですから、イオン化エネルギーは小さいです。

反対に17族は電子を貰って閉殻構造になるのですから、電子を離し難い、すなわちイオン化エネルギーは大きくなります。18族は安定構造ですから、もちろんイオン化エネルギーは大きいです。

この結果、原子のイオン化エネルギーは図2のように、鋸の歯のように周期性を描いて変化することになります。

3 電気陰性度

前節で見たように、電気陰性度はイオン化エネルギーを基準にして定められたものです。イオン化エネルギーのような周期性を持つのは当然のことです。

すなわち、周期表の右上に行くほど大きくなります。18族は反応しないので電気陰性度は定められていません。したがって電気陰性度最大はフッ素Fの4.0、最少はセシウムCsの0.7となります（図3）。

第 2 章 周期表が教えてくれるもの

図1　原子半径の大きさ

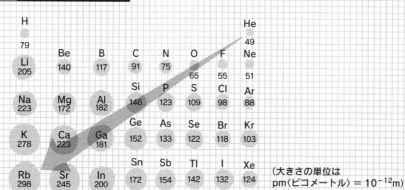

（大きさの単位は pm〈ピコメートル〉 = 10^{-12} m）

図2　イオン化エネルギー

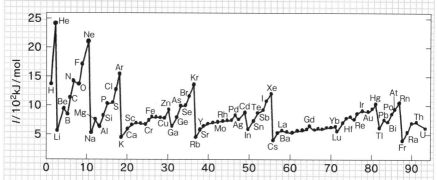

図3　電気陰性度

H 2.1							He
Li 1.0	Be 1.5	B 2.0	C 2.5	N 3.0	O 3.5	F 4.0	Ne
Na 0.9	Mg 1.2	Al 1.5	Si 1.8	P 2.1	S 2.5	Cl 3.0	Ar
K 0.8	Ca 1.0	Ga 1.3	Ge 1.8	As 2.0	Se 2.4	Br 2.8	Xe

原子の性質が周期性を持つのは当然の話です。それは原子の性質は電子配置の反映だからです。

- ●原子半径は周期表の左下に行くほど大きくなる。
- ●イオン化エネルギーは周期表の右上に行くほど大きくなる。
- ●電気陰性度は周期表の右上にいくほど大きくなる。

第3章
無機分子の結合と構造

原子は化学結合をして分子を作ります。化学結合にはイオン結合、金属結合、共有結合、配位結合など、いろいろな種類があります。

3-1 イオン結合

原子は結合して分子を作りますが、結合にはイオン結合、金属結合、共有結合など、多くの種類があります。ここではイオン結合について見てみましょう。

1 イオン結合の結合力

陽イオン A^+ と陰イオン B^- の間に働く静電引力がイオン結合になります。典型的なものはナトリウムイオン Na^+ と塩化物イオン Cl^- でできた塩化ナトリウム NaCl です。Na は電気陰性度が0.9、Cl は3.0です。このため両者が出会うと電子が Na から Cl に移動し、Na^+ と Cl^- となり、イオン結合して NaCl の結晶となります。また、Na^+ はネオン Ne の電子配置、Cl^- はアルゴン Ar の電子配置と同じになりますが、これらはともに閉殻構造ですから安定です(図1)。その意味でも Na と Cl は Na^+ と Cl^- になりやすいということができます。

2 イオン結合の性質

イオン結合は+と-の電荷間の引力ですから、たとえば+の電荷の周りに何個の-電荷がいようと関係ありません。距離が等しかったら全ての-電荷との間で同じ強さの結合ができます。これを不飽和性といいます。

また、電荷の間の角度も関係ありません。関係するのは電荷間の距離だけです。これを無方向性といいます。不飽和性と無方向性は後に見る共有結合と比べて、大きな違いになります

3 イオン結合化合物の性質

図2は NaCl と硫化亜鉛 ZnS の結晶です。それぞれの結晶内で Na^+ と Cl^-、Zn^{2+} と S^{2-} が三次元に渡って整然と積み重ねられています。しかし、この結晶において NaCl、あるいは ZnS という2個の原子からなる粒子、分子を特定することはできません。しいていえば、結晶全体が $Na_\infty Cl_\infty$ あるいは $Zn_\infty S_\infty$ という巨大分子となっていると考えたらよいでしょう。

図3はイオン結合の結晶を、適当な断面に沿って動かした模式図です。動かす前は+と-が向き合ってイオン結合を作っています。しかし、動かした後は+と+、-と-が向き合っています。このような状態は静電反発が生じて非常に高エネルギーで不安定な状態です。そのため、イオン化合物は一般に硬い結晶となり、柔軟性に欠けることになります。

第3章　無機分子の結合と構造

図1　塩化ナトリウムのイオン結合

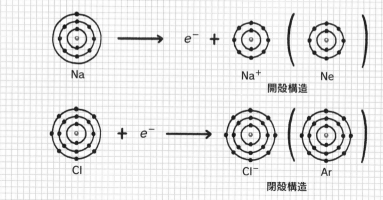

図2　NaClとZnSの結晶

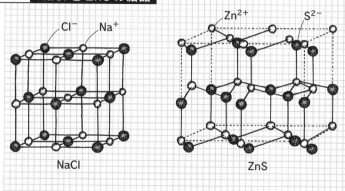

> イオン結合では結晶を作る全てのイオンが結合しています。

図3　イオン結合結晶を断面に沿って動かした模式図

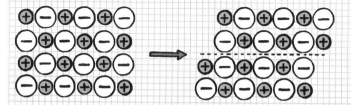

- イオン結合は陽イオンと陰イオンの間に働く静電引力である。
- イオン結合の特色は不飽和性と無方向性である。
- イオン結晶は硬いものが多い。

031

3-2 金属結合

金属を作っている結合を金属結合といいます。金属結合は自由電子による結合ですが、この自由電子が金属の性質、金属光沢、柔軟性、伝導性などの原因になっています。

◪ 金属結合の結合力

　金属結合に際して金属原子 M は、自身の価電子（n 個としましょう）全てを放出して金属イオン M^{n+} となります。金属イオンは金属結晶として三次元に渡って整然と積み重なります。

　放出された電子は、どの原子に属するということなく、結晶内部を漂います。このような電子を自由電子といいます。ただしこの自由電子は、電子殻などのエネルギーを考えた際の自由電子とは異なるものですから、注意してください。

　M^{n+}はプラスに荷電し、自由電子はマイナスに荷電しています。この結果、両者の間に静電引力 $M^{n+} \Leftrightarrow e^-$ が生じます。同じ引力が他の M^{n+} との間に働くと $M^{n+} \Leftrightarrow e^- \Leftrightarrow M^{n+}$ となって、金属イオン M^{n+} が e^- を仲立ちとして結合することになります。これが金属結合の本質です（図1）。

　たとえてみれば、水槽に木のボールを積み上げ、その隙間に木工ボンドを流し入れたようなものです。

◪ 金属結合化合物の性質

　ある物体が金属であるかどうかを決定するときに使う判断基準があります。それは、
① 展性（箔にできる）、延性（針金にできる）があること
② 金属光沢があること
③ 高い電気伝導性があること

　これらの性質は全て自由電子によるものです。図2は金属結晶を適当な断面で動かしたものです。前節のイオン結晶と比べてください。金属では M^{n+} イオンの間に自由電子が挟まって緩衝材の働きをしています。このために金属は変形性に富み、展性・延性が出てくるのです。

　自由電子は互いの静電反発を緩和するために結晶の表面に集ってきます。これが光を反射するので、独特の金属光沢が出てくるのです。電気伝導性に関しては、後に改めて見ることにしましょう。

第 3 章　無機分子の結合と構造

図1　金属結合

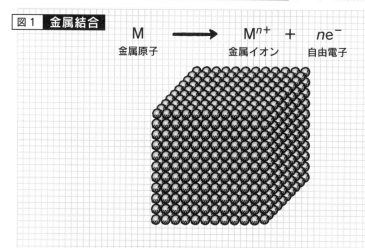

$$M \longrightarrow M^{n+} + ne^-$$
金属原子　　　金属イオン　自由電子

図2　金属結晶を動かした断面

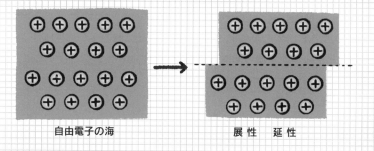

自由電子の海　　　　　展性　延性

図3　展性と延性

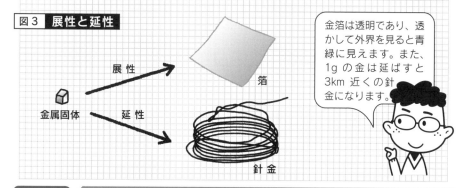

金属固体 —展性→ 箔
　　　　 —延性→ 針金

> 金箔は透明であり、透かして外界を見ると青緑に見えます。また、1gの金は延ばすと3km近くの針金になります。

ポイント
- ●金属結晶をするとき、金属原子は価電子を放出してイオンとなる。
- ●自由電子は結晶内に自由に漂い、糊のように金属イオンを接合する。
- ●自由電子は金属の性質を形作る。

3-3 共有結合

結合の中で最も結合らしいのが共有結合です。共有結合は結合する2個の原子が互いに電子を共有することにもとづく結合です。有機化合物はほとんど全てが共有結合でできています。

◨ 共有結合の結合力

　図1は最も簡単な分子、水素分子の模式図です。水素原子Hは1s軌道に1個の不対電子を持っています。2個の水素原子が近づくと互いの1s軌道が重なります。そして水素分子H_2になると、この2個の不対電子は2個の水素原子核H^+の間の領域に集中して存在します。

　この結果、前節の金属結合と同じように$H^+ \Leftrightarrow e^- \Leftrightarrow H^+$となって、水素原子核を接合して水素分子を作ります。この電子を特に結合電子と呼びます。水素分子は『互いの不対電子を出し合って結合電子とし』、それを共有することによって結合しているように見えるので、この結合を共有結合といいます（図1）。

◪ 共有結合と不対電子

　上で見たように、共有結合ができるためには不対電子の存在が不可欠です。すなわち、共有結合は『不対電子を持つ原子がその不対電子電子を出し合うことによって成立する結合』なのです。これは、
①不対電子を持たない原子は共有結合ができない
②複数個の不対電子を持つ原子は複数本の共有結合ができる
ということになります。いくつかの原子の電子配置、不対電子数、生成可能な共有結合の本数を表1に示しました。H=1本、O=2本、N=3本、C=4本、F、Cl=1本などは基本的なことですので、覚えておくと何かと便利でしょう。

▤ 多重結合

　共有結合は簡単に原子同士の握手にたとえることもできます。その際には1個の不対電子を1本の手と考えます。すると2個の不対電子を持つ原子同士は2本の手で握手することできます。このような結合を二重結合といいます。同様に3本の手で作る結合を三重結合といいます。もちろん、1本の手による結合は一重結合、あるいは単結合です（図2）。

第3章　無機分子の結合と構造

図1　水素分子の共有結合

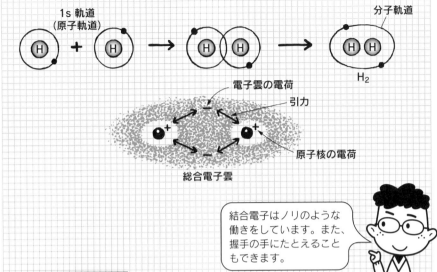

結合電子はノリのような働きをしています。また、握手の手にたとえることもできます。

表1　共有結合の本数

原子	H	C	N	O	F
電子配置 (2p/2s/1s)	1s↑	2p↑↑/2s↑↓/1s↑↓	2p↑↑↑/2s↑↓/1s↑↓	2p↑↓↑↑/2s↑↓/1s↑↓	2p↑↓↑↓↑/2s↑↓/1s↑↓
不対電子数	1	2	3	2	1
結合手本数	1	4	3	2	1

図2　共有結合は原子同士の握手

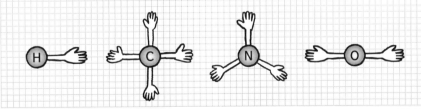

- ●原子は不対電子を出し合って結合電子として共有結合する。
- ●原子は不対電子の個数だけ共有結合を作ることができる。
- ●共有結合には一重結合、二重結合、三重結合などがある。

3-4 結合のイオン性

共有結合は1s軌道の間にだけできるわけではありません。p軌道同士、s軌道とp軌道の間にもできます。その結果、本来なら電気的に中性なはずの共有結合にイオン的な性質が表れることがあります。

1 フッ素分子 F_2 の結合

フッ素Fは2p軌道に1個の不対電子を持っています。2個のFが近づくとこのp軌道が重なり、水素分子の場合と同じように、各原子の不対電子を結合電子として共有することによって共有結合が生成し、フッ素分子 F_2 ができます（図1）。

F_2 の結合電子は2個のF原子の中間領域に主に存在します。その形は模式的に書くと左右対称の紡錘形とすることができます。これは H_2 の場合と同じです。

2 フッ化水素 HF の結合

HとFが近づくとHの1s軌道とFの2p軌道が重なります。この場合も H_2 や F_2 と同じように各原子は不対電子を出し合って結合電子として共有し、分子HFを作ります。

ここで問題になるのは結合電子雲の形です。H_2 や F_2 の場合と同じように左右対称と考えてよいのでしょうか？

Hの電気陰性度は2.1、Fは4.0です。決定的に違います。これはフッ素が電子を一方的に奪うことを意味します。つまり、結合電子雲はフッ素の方に大きく引き寄せられ、左右非対称になるのです。

3 電気陰性度と共有結合

この結果、フッ素は電子過剰になり、マイナスに荷電します。このような状態を部分電荷の記号δ（Δデルタの小文字）を使ってδ−と表します。同様にHは電子不足になりδ+となります。これは共有結合にイオン結合性が加わったことを示すものであり、結合のイオン性といいます。

図2は電気陰性度が異なる原子が結合した場合のイオン性の量を表したものです。イオン性0％すなわち、完全な共有結合は同じ原子の間の結合に限られることがわかります。多くの共有結合は多かれ少なかれ、イオン性を持っているのです。

第3章 無機分子の結合と構造

図1 フッ素分子の結合

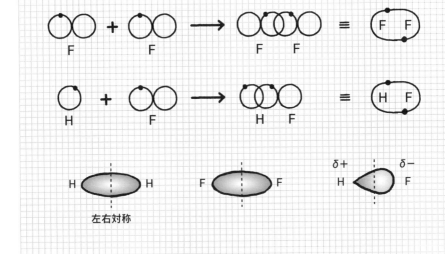

図2 電気陰性度と結合のイオン性の量

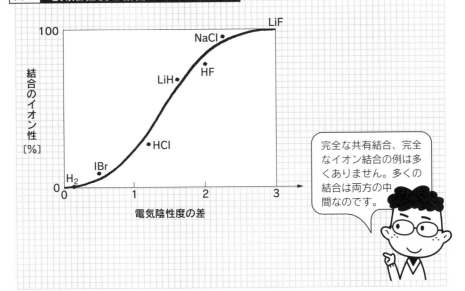

完全な共有結合、完全なイオン結合の例は多くありません。多くの結合は両方の中間なのです。

ポイント
- 共有結合はp軌道同士、s軌道とp軌道の間でも生成可能である。
- 結合電子雲は電気陰性度の大きい原子に引き寄せられる。
- この結果共有結合にはδ+、δ-のイオン性が表れる。

037

3-5 混成軌道

原子は共有結合をするときに、s軌道やp軌道を再編成した混成軌道を作って結合することがあります。混成軌道は炭素原子の関与する結合で重要な役割を演じます。

1 軌道の混成

混成軌道には多くの種類がありますが、ここでは典型的な混成軌道であるsp^3混成軌道について見てみましょう。sp^3混成のp^3はp軌道が3個関与しているという意味です。s軌道は1個だけです。

s軌道を1個100円の豚肉ハンバーグ、p軌道を1個300円の牛肉ハンバーグと考えてください。豚肉ハンバーグ1個と牛肉ハンバーグ3個を混ぜ合わせて4等分した合挽きハンバーグがsp^3混成軌道です。簡単なたとえですが、これから混成軌道の本質が導き出されます。

① 合挽きハンバーグの個数は4個：混成軌道の個数は原料軌道の個数と同じ。
② 合挽きハンバーグの値段は1個250円：混成軌道のエネルギーは原料軌道の平均値。
③ 合挽きハンバーグの形は全て同じ：混成軌道の形は全て同じ。

2 sp^3混成軌道の配置

sp^3混成軌道は同じ形、同じエネルギーの4個の混成軌道からできています。4個の混成軌道は、全空間を等分割する方向に出ます。これは海岸にある波消しブロックのテトラポッドの4本の脚の方向です。すなわち、各軌道の頂点を結ぶと正四面体形となり、各軌道の間の角度は109.5度となります。

炭素原子の混成前（基底状態）と混成後の軌道のエネルギーと電子配置を図2に示しました。4個の混成軌道は全て同じエネルギーですから、先に見た電子配置の約束に従って各混成軌道に1個ずつの電子が入り、合計4個の不対電子ができます。

これが、炭素は基底状態では2個の不対電子しか持たないのに、4本の共有結合を作ることのできる理由になります。

sp^3混成軌道状態の窒素N、酸素Oの電子配置も図3に示しました。

第3章　無機分子の結合と構造

図1　軌道の混成

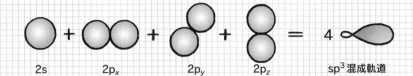

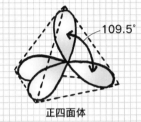

正四面体

テトラポッド

図2　sp^3混成

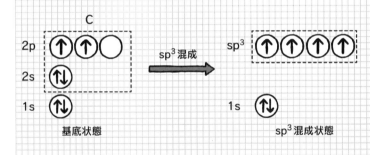

SP^{3}混成軌道は互いに109.5度の角度になり、形は海岸のテトラポッド形です。

図3　窒素と酸素の電子配置（sp^3混成軌道状態）

N
sp^3 ⇅ ↑ ↑ ↑
$1s$ ⇅

O
sp^3 ⇅ ⇅ ↑ ↑
$1s$ ⇅

ポイント
- 混成軌道の個数は原料軌道の個数と同じである。
- 混成軌道のエネルギーは原料軌道の平均値となる。
- 混成軌道の形は全て同じである。

3-6 sp³混成軌道を使った分子の結合状態

SP³混成軌道は典型的な混成軌道であり、最も重要といってもよい混成軌道です。sp³混成軌道を使った分子のうち、代表的なものを見てみましょう。

1 メタン CH_4

sp³混成炭素の電子配置は前節の図で見たとおりです。これを軌道に割り振ったのが図1です。4個のsp³混成軌道に1個ずつの不対電子が入っています。この軌道にHの1s軌道が重なれば4本のC-H共有結合ができ、メタンが完成です。

したがってメタンの形は正四面体であり、結合角度は109.5度です。

2 アンモニア NH_3

アンモニアの窒素原子Nもsp³混成です。4個の混成軌道に5個のL殻電子が入るので、1個の軌道には2個の電子が入って非共有電子対となり、結合に関与できません。したがってNH_3では3個の混成軌道に3個のHが結合します。

この結果、NH_3の形は三角錐となります。結合角度は109.5度のはずですが、実際には107度となっています。非共有電子対は次節で見るように、NH_3の反応性に大きく影響します。

3 水 H_2O

水の酸素原子Oもsp³混成です。4個の混成軌道に6個のL殻電子が入るので、非共有電子対が2組できます。この結果、Oの混成軌道で実際に結合に関与できるのは2個に過ぎません。

この2個の混成軌道にHが結合したのがH_2Oです。したがって結合角度は109.5度のはずですが、実際には104.5度となっています。

4 酸素分子 O_2 と窒素分子 N_2

2個のOが2本の手(混成軌道)を使って2本の握手をしたのがO_2と考えることができます。このような結合を二重結合といいます。同様にN_2ではNが3本の手を使って3本の握手をして、三重結合で結合しています。

第3章　無機分子の結合と構造

図1　代表的な sp³ 混成軌道

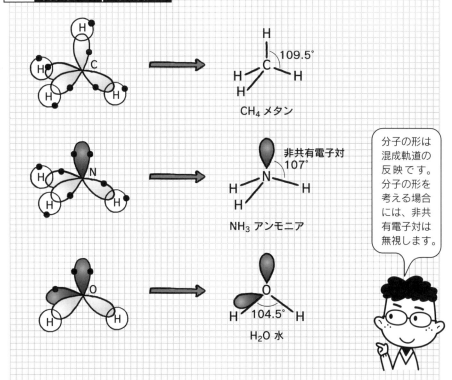

分子の形は混成軌道の反映です。分子の形を考える場合には、非共有電子対は無視します。

図2　二重結合と三重結合

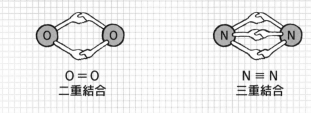

- ●CH₄、NH₃、H₂O の C、N、O は sp³ 混成軌道を使っている。
- ●この結果、それぞれの結合角度は109.5度に近くなる。
- ●非共有電子対はそれぞれの分子の反応性にとって重要である。

3-7 アンモニウムイオンとヒドロニウムイオン

中性分子に水素イオン H^+ が付加して陽イオンになることがあります。アンモニア NH_3 からできるアンモニウムイオン NH_4^+ と水 H_2O からできるヒドロニウムイオン H_3O^+ が代表例です。

1 水素イオン H^+

化学において H^+ はよくでてきて、かつ重要な働きをします。特に後に見る酸・塩基では重要です。H^+ は水素原子 H から 1 個の電子が外れたものです（図1）。ところで、H は 1 個の電子しか持っていません。これがなくなったら残りは何でしょう？

原子核です。しかも普通の水素の原子核は陽子 p、プロトンです。つまり H^+ は原子ではなく陽子なのです。その大きさは先に見たように、原子直径の1万分の1です。

2 アンモニウムイオン NH_4^+

H^+ はアンモニア NH_3 の非共有電子対に結合します。H^+ は電子を持たないので軌道もないのですが、仮想的に 1s 軌道を持っているとして、このように電子の入っていない軌道を空軌道と呼び、点線で表すことがあります。

つまり、H^+ はこの空軌道を NH_3 の非共有電子対に重ねるのです。非共有電子対には 2 個の電子が存在します。したがって、この空軌道と非共有電子対の重なりによってできた N–H 結合にも 2 個の電子が存在することになり、共有結合と同じことになります。

しかし決定的な違いがあります。共有結合では結合する 2 個の原子が 1 個ずつ不対電子を出し合います。しかし今回の結合では N が一方的に 2 個の電子を出しています。そこでこのような結合を配位結合と呼んで共有結合と区別することにします。しかし、NH_4^+ の 4 本の N–H 結合は完全に等価です。この結果、NH_4^+ はメタンと同じ正四面体となります。

3 ヒドロニウムイオン H_3O^+

上と同様にして H_2O の非共有電子対に H^+ を配位結合してできたイオン H_3O^+ をヒドロニウムイオンといいます。ヒドロニウムイオンの形はアンモニアと同じ三角錐形です（図2）。

第3章 無機分子の結合と構造

図1 水素イオン

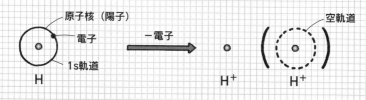

図2 アンモニウムイオンとオキソニウムイオン

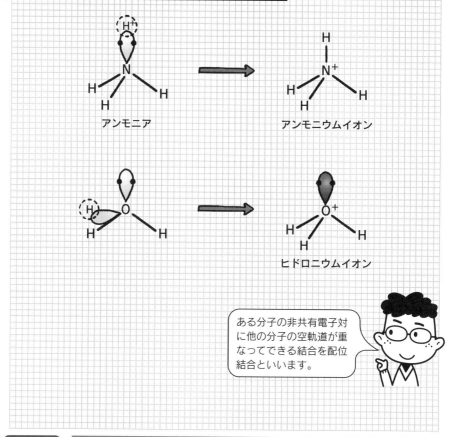

> ある分子の非共有電子対に他の分子の空軌道が重なってできる結合を配位結合といいます。

ポイント
- 水素イオン H^+ は原子核であり、陽子、プロトンのことである。
- NH_3 や H_2O に H^+ が結合すると NH_4^+、H_3O^+ となる。
- 空軌道と非共有電子対が重なってきる結合を配位結合という。

043

第4章
物質の状態と性質

水は低温では結晶の氷、室温では液体の水、高温では気体の水蒸気になります。このような結晶、液体、気体などを物質の状態といいます。同じ物質でも、状態が変わると、その性質はまったくといってよいほど大きく変わります。

4-1 物質の三態

水は低温で結晶の氷、室温で液体の水、高温で気体の水蒸気になります。結晶、液体、気体を物質の三態といいます。三態と圧力、温度の関係を表した図を状態図といいます。

1 物質の状態

物質は温度や圧力を変えると結晶や、液体、気体などになります。これを一般に物質の状態といいます。状態にはいろいろありますが、結晶、液体、気体は基本的な状態なので特に物質の三態といいます。

結晶状態では分子は三次元に渡って位置と方向を一定にして整然と積み重なります。液体ではこのような規則性は失われ、分子は自由運動を始めます。気体では分子は勝手な方向に飛行機並みの速度で飛行します。三態の間の相互変換、並びに相互変換が起こる温度には、固有の名前がついています。それを図1に示しました。

2 状態図

物質の状態は温度 T と圧力 P によって決まります。ある P、ある T のとき、その物質はどのような状態でいるのか？　それを示してくれるのが状態図です。

図2は水の状態図です。図面が三つの領域に仕切られています。P と T の組み合わせによる点 (P, T) が領域Ⅱにあれば、そのとき水は液体となっており、領域Ⅲにあれば気体となっていることを示します。また、線分 ab 上にあれば、ab の両側の状態、液体と気体が共存する、すなわち沸騰状態であることを示します。また点 a は三重点と呼ばれ、ここでは氷、水、液体が共存するという、非日常的な現象が起こります。

3 超臨界状態

線分 ab は点 b で終わりです。ということはこれより高温高圧の状態では沸騰という現象が起こらないことを意味します。点 b を臨界点といい、それより高温高圧の状態を超臨界状態といいます。

超臨界状態の水、超臨界水は水の粘度と水蒸気の激しい分子運動を持ち、そのため有機物を溶かす、酸化作用があるなど、普通の水とは異なった性質を示します。そのため、超臨界水は有機反応の溶媒に用いられたり、公害物質 PCB の分解に用いられたりして、環境問題の解決に役立てられています。

第4章 物質の状態と性質

図1 物質の三態

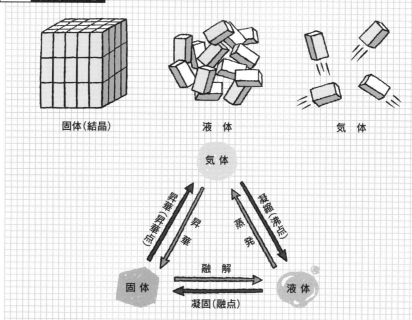

固体(結晶)　　液体　　気体

図2 水の状態図

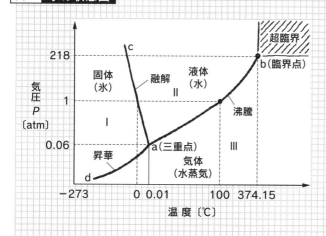

臨界点を超えた状態を超臨界状態といい、気体と液体の中間のような特殊な状態です。

ポイント
- ●結晶、液体、気体の三状態を物質の三態という。
- ●物質がある温度でどのような状態をとるかを示す図を状態図という。
- ●超臨界水は酸化性があり、有機物を溶かす。

4-2 結晶の種類と性質

結晶は固体の一種であり、分子や原子が整然と積み上げられて、動きのない状態です。結晶は単位格子といわれる単位構造が無限に連続したものと考えることができます。

1 結晶の種類

結晶はそれを構成する成分と、その成分の間に働く結合によっていくつかの種類に分けることができます。

- イオン結晶：先に見たNaClの結晶のように、成分が陰イオンと陽イオンであり、各成分がイオン結合によって結ばれています。
- 共有結合性結晶：結晶の全成分が共有結合で結ばれており、イオン結晶と同じように、単結晶1個が1個の分子といった状態です。全成分が炭素原子であり、それが全て共有結合で結合したダイヤモンドが典型です（図1）。
- 分子結晶：二酸化炭素の結晶であるドライアイスのように、成分は独立した粒子である分子であり、それが整然と積み重なった状態です。
- 金属結晶：先に見た金属結合の状態であり、金属イオンが整然と積み重なっています。金属イオンは完全球体と考えることができるので、金属結晶の構造は幾何学的には簡単です。つまり、図2に示した3種類の積み重なり方が基本です。最密充填構造といわれる二つの積み重なり方では、空間体積のうち金属イオンの占める体積は74％ですが、体心立方構造では68％に落ちます。残りの体積は隙間になります。

2 格子構造

結晶は成分粒子の作った格子構造が積み重なったものと考えることができます。この格子構造を単位格子といい、全部で14種類あることが知られています。この単位格子は発見者、ブラベの名前を取ってブラベ格子と呼ばれます。

各ブラベ格子の違いは格子定数によって区別され、それは格子の三辺の長さ、a、b、cとその間の角度、α、β、γによるものです（図3）。ちなみに金属結晶の六方最密充填構造はブラベ格子の六方晶系に相当します。

図1　ダイヤモンドは共有結合性結晶

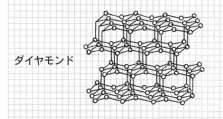
ダイヤモンド

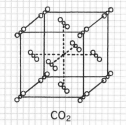
CO_2

> 金属結晶はリンゴ箱にリンゴを詰めたようなものです。どんなに上手に詰めてもリンゴとリンゴの間には大きな隙間が空いています。

図2　金属結晶の構造

立方最密構造＝74％
‖
面心立方構造

六方最密充填構造＝74％

体心立方構造＝68％

図3　格子構造

晶系	立方晶系	正方晶系	斜方晶系	三方晶系	六方晶系	単斜晶系	三斜晶系
格子定数	$a=b=c$ $α=β=γ=90°$	$a=b≠c$ $α=β=γ=90°$	$a≠b≠c$ $α=β=γ=90°$	$a=b=c$ $α=β=γ≠90°$	$a=b≠c$ $α=β=90°$ $γ=120°$	$a=b≠c$ $α=γ=90°$ $β≠90°$	$a≠b≠c$ $α≠β≠γ≠90°$
単純格子	単純立方格子	単純正方格子	単純斜方格子	三方格子	六方格子	単純単斜格子	三斜格子
体心格子	体心立方格子	体心正方格子	体心斜方格子				
底心、面心格子	面心立方格子		面心斜方格子　底心斜方格子			底心単斜格子	単純ハム格子

ポイント
- 金属結晶は球が積み重なったものであり、大きな隙間空間がある。
- 結晶はブラベ格子という単位格子が積み重なったものである。
- 自然界には14種類のブラベ格子があることが知られている。

アモルファス

一般的にいえばガラスは固体です。しかし研究者の中にはガラスは液体だという人もいます。それも、もっともなことです。ガラスは凍った液体のような状態なのです。

1 アモルファス

三態以外の状態として無化学的に重要なのは非晶質固体ともいわれるアモルファスです。これはガラス状態ともいわれます。

ガラスは二酸化ケイ素 SiO_2 の固体です。しかし SiO_2 には結晶もあり、それが水晶や石英です（図1）。水晶や石英を加熱して融点の1700℃ほどに熱すると融けて液体になります。ところが、この液体を放冷すると元の水晶や石英に戻らず、ガラスになってしまうのです。

それではガラスとはどのような状態でしょう？　ガラスにおける分子の配列は液体と同じで全くの無秩序状態です。つまり、ガラスは液体状態のまま、分子が流動性を失った状態なのです。このような状態のものとしてはプラスチックの固体もあります。

2 アモルファス金属

現在注目されているのは金属のアモルファスです。全ての固体金属は結晶であり、どのような金属も微細な結晶の集合体です。このようなものを多結晶といいます。

結晶状態では、たまたま分子が抜け落ちることによる格子欠陥や、多結晶における結晶間の不整合などによって強度の劣化が起こります。しかしアモルファスではそのようなことが起こりません。

アモルファス金属は機械的強度だけでなく、耐薬品性も強くなり、その上、磁性発現など、結晶状態の金属とは異なった性質を示すことが知られています。

しかし金属は非常に結晶化しやすい物質です。アモルファス金属を作るためには、液体状態の金属を、結晶になる時間を与えず、瞬時に冷却しなければなりません（図2）。そのため、これまでは粉末、あるいは薄膜状のものしかできませんでした。しかし最近、各種の合金を用いることによって、塊状のアモルファス金属を作ることができるようになりました。

第4章 物質の状態と性質

図1 水晶とガラス

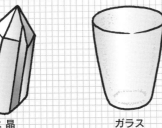

水晶 ガラス

水晶とガラスは共にSiO₂からできています。しかし、水晶は結晶であり、ガラスは液体が流動性を失った状態なのです。

図2 アモルファス金属の生成

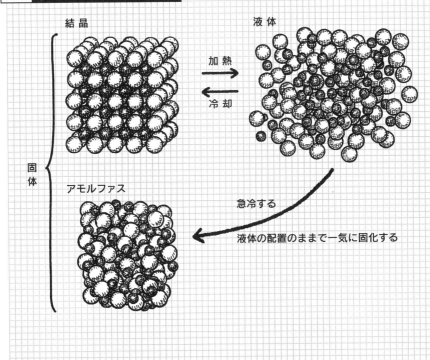

結晶　　　　　液体
　　加熱 ⇄ 冷却
固体
アモルファス
急冷する
液体の配置のままで一気に固化する

ポイント
- 液体状態の分子が流動性を失ったものをアモルファスという。
- ガラスは典型的なアモルファスである。
- アモルファス金属は強度、耐薬品性、磁性などで優れている。

4-4 伝導性と超伝導性

電気をよく通すものを良導体、通さないものを絶縁体、その中間を半導体といいます。そして無限大の伝導性を持つものを超伝導体といいます。

1 伝導性

電流は電子の流れです。電子が地点AからBに流れた（移動した）とき、電流がBからAに流れたといいます。したがって、良導体というのは電子が移動しやすい物質であり、絶縁体は移動しにくい物質ということになります。

先に見た、金属の条件の一つに"伝導性が高いこと"というのがありました。なぜ金属は高い伝導性を持っているのでしょうか？　それは金属結合を作る自由電子のせいです。

自由電子は特定の金属イオンに従属するのではなく、全金属イオンの間を自由に漂っています。このような金属に電気的な力（電圧）が掛かると自由電子は片方に移動します。これが金属の伝導性の原因なのです。

2 超伝導性

自由電子は金属イオンの間を縫って移動します。金属イオンが静止していれば移動しやすいのですが、振動を始めると移動しにくくなります。このため、金属の伝導度は金属イオンの振動が小さい低温で大きくなります。逆にいえば、電気抵抗は低温になると小さくなります。

そして絶対温度数度〔数K（ケルビン）、−270℃程度〕という極低温になると、突如電気抵抗が0になります。この温度を臨界温度、この状態を超伝導状態といいます。

超伝導状態では電気抵抗がないので、コイルに発熱なしに大電流を流すことができます。つまり超強力な電気磁石を作ることができるのです。この磁石を超伝導磁石といい、脳の断層写真を撮るMRIや、リニア新幹線の車体を磁石の反発で浮かせることなど、多方面で使われています。

問題は臨界温度です。精力的な研究にも拘らず、実用的な超伝導状態は数Kでないと発現しません。そのためには液体ヘリウムが必要ですが、ヘリウムを市販しているのはほとんどがアメリカです。液体ヘリウムに頼らない高温超伝導体は未だ研究段階です。

第4章 物質の状態と性質

図1 伝導性

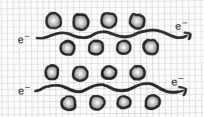
低温：スムーズに移動

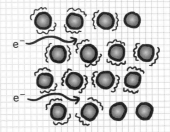
高温：移動困難

図2 超伝導性

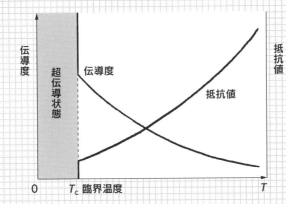

多くの金属は臨界温度以下で超伝導状態になります。しかし、臨界温度が非常に低いのが問題です。そのため臨界温度を高めようという研究が盛んに進められています。

ポイント
- 金属の伝導性は自由電子の移動による。
- 金属の伝導性は低温で高くなり、極低温で超伝導状態となる。
- 超伝導状態を利用して作った超強力磁石が超伝導磁石である。

053

磁性

磁石になる性質、磁石に吸い付く性質などを磁性といいます。磁性を持つものを磁性体、持たないものを非磁性体といいます。磁性は各種の記憶媒体に使われ、現代文明を支えています。

1 磁性の原因

　物質が磁性を持つ原因はいろいろありますが、多くは電子の運動によるものです。一般に電荷を持つものが回転すると、磁気モーメントが表れます。電子は電荷を持ち、しかもスピンしていますから、電子が存在すれば磁気モーメント、磁性が表れることになります（図1）。

　しかし電子対では電子は互いに逆スピンをしているので、磁気モーメントは相殺されて0になります。したがって磁性が表れるためには不対電子の存在が条件となります。普通の有機物は共有結合でできており、全ての電子は電子対を作っているので非磁性体です。

2 磁性の種類

　物体の中には磁気モーメントの単位がたくさんあります。この単位磁気モーメントがどのように配列されるかで、物質全体としての磁性が決定されます（図2）。なお、磁気モーメントの向きは電子スピンの向きによって決まるのであり、物質中の分子や原子の方向とは関係ありません。

・強磁性体：全ての磁気モーメントが同じ方向を向きます。強い磁性が発現します。これを自発磁化と呼びます。永久磁石がこの状態です。ただし加熱すると磁気モーメントの方向は乱れて、下に見る常磁性体になります。

・反強磁性体：磁気モーメントが反対向きの対を作ります。磁気モーメントは相殺されてしまい、磁性は現れません。しかし加熱すると常磁性体になります。

・常磁性体：磁気モーメントは無秩序な方向を向き、しかもその方向は時間によって変化します。物質全体としての磁気モーメントは相殺されてしまいます。しかし、磁石などによる外部磁場が加わると磁気モーメントが一定方向に規制されるため、磁性が表れます。鉄や酸素などがこの例です。

第4章 物質の状態と性質

図1 磁性の発現のしくみ

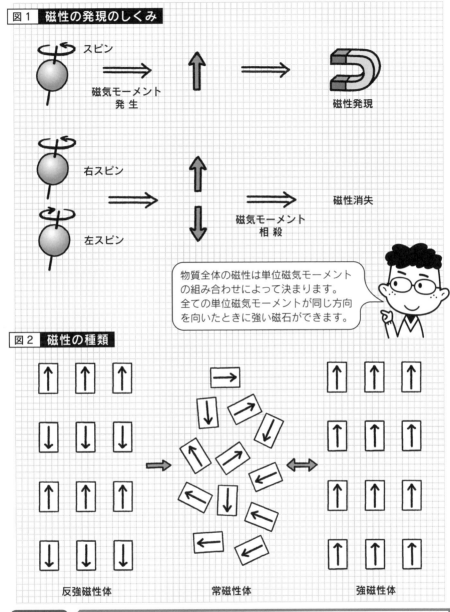

物質全体の磁性は単位磁気モーメントの組み合わせによって決まります。全ての単位磁気モーメントが同じ方向を向いたときに強い磁石ができます。

図2 磁性の種類

反強磁性体　　　常磁性体　　　強磁性体

ポイント
- 電子が回転すると磁気モーメントが現れる。
- 物質の磁性は全ての単位磁気モーメントの和によって決まる。
- 磁石は強磁性体、磁石に吸いつく鉄や酸素は常磁性体である。

055

4-6 磁場と磁性体

スピーカーやモータはもとより、情報媒体としての磁性も重要になるばかりです。磁性は現代文明に欠かせません。磁石はどのようにして作るのでしょう。

1 磁化ヒステリシス

図1は常磁性体に外部磁場Hを加えたとき、常磁性体に表れる磁性の強さ（磁化M）を表したものです。

変化は原点のOから始まります。Hの増加とともにMも増加していきます。しかし点Aで飽和に達し、それ以上Hを増加してもMは増加しなくなります。これを磁気飽和といいます。

Aに達した後にHを減少させます。するとMは減少しますが、そのルートはOからAに至ったときのルートとは異なります。このように、行きと帰りのルートが異なることを一般にヒステリシスと呼びます。今回は磁化に関してのものなので磁化ヒストリシスと呼びます（図1）。

2 永久磁石

ヒステリシスの結果、外部磁場のない状態、すなわち$H=0$になっても常磁性体には磁化Bが残ります。これを残留磁化といいます。これがつまり、永久磁石の強さになります。Bの大きい磁石が強力な磁石なのです。

次に外部磁場を逆向きにして加えていきます。Mは減少してゆき、ついに磁場Cになって$M=0$となります。これは永久磁石の磁力を消すには反対向きの磁場Cを加えなければならないことを意味します。つまりこれは永久磁石の安定性を表していることになります。

さらに反対方向の外部磁場を強めると、常磁性体は今度は反対方向に磁化され、$-$のMが現れて、やがて点Dで磁気飽和に達します。Hを減少すると$H=0$で逆向きの残留磁化Eに達し、その後は原点を通ることなく、Fを通ってAに戻るというわけです。

このように、優れた永久磁石であるためには、残留磁化Bと保持力Cの大きいことが条件となることがわかります。

図1　磁化ヒステリシス

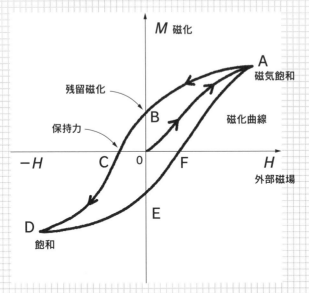

残留磁化 大：強い磁力
保持力　 大：安定な磁力
永久磁石　：保持力の大きい強磁性体の
　　　　　　残留磁化を利用するもの

強力で安定な永久磁石というのは、残留磁化（図のB）と保持力（C）が大きい磁石のことをいいます。

- 外部磁場と磁化のグラフはヒステリシス曲線となる。
- 残留磁化は永久磁石の磁力の強さを表す。
- 保持力は永久磁石の安定性を表す。

第5章
酸・塩基と酸化・還元

酸・塩基、酸化・還元は共に化学において非常に重要な概念です。しかし、酸・塩基では「pH」、酸化・還元では「酸化数」を理解すれば全てスッキリ理解できるようになります。

5-1 酸・塩基の定義

酸・塩基は物質の種類です。化学では重要な物質です。そのため、酸、塩基の定義は三種類あります。最も一般的なのは酸は H^+ を出すもの、塩基は OH^- を出すものという定義です。

1 三つの定義

酸・塩基は化学の多くの分野で使われる概念です。そのため各分野に便利なように三種の定義が用意されています。

・アレニウスの定義：H^+ と OH^- で定義します。

　酸：水に溶けて水素イオン（プロトン）H^+ を出すもの

　　　$HCl \rightarrow H^+ + Cl^-$

　塩基：水に溶けて水酸化物イオン OH^- を出すもの

　　　$NaOH \rightarrow Na^+ + OH^-$

・ブレンステッドの定義：H^+ だけで定義します。有機化学向けです。

　酸：H^+ を出すもの

　　　$CH_3COOH \rightarrow CH_3COO^- + H^+$

　塩基：H^+ を受け取るもの

　　　$NH_3 + H^+ \rightarrow NH_4^+$

・ルイスの定義：配位結合で定義します。無機化学向けです。

　酸：非共有電子対を受け取るもの

　塩基：非共有電子対を供給するもの

　　　H^+（酸）$+ OH^- \rightarrow H_2O$

　　　H_3B（酸）$+ NH_3$（塩基）$\rightarrow H_3B - NH_3$

2 酸・塩基の実例

酸・塩基には多くの種類があります。酢酸のように有機物の酸を有機酸、それに対して硝酸のように無機物の酸を無機酸、あるいは鉱酸と呼ぶこともあります。いくつかの例を表1にまとめました。

HCl のように H^+ を1個出す酸を1価の酸あるいは一塩基酸、H_2SO_4 のように2個出す酸を二価の酸あるいは二塩基酸、$NaOH$ のように OH^- を1個出す塩基を1価の塩基あるいは一酸塩基、$Ca(OH)_2$ のように2個出す塩基を二酸塩基などと呼びます。

表1 酸・塩基の種類

		名称	化学式	構造式	反応	強弱*
酸	一塩基酸	塩酸	HCl		$HCl \longrightarrow H^+ + Cl^-$	強
		硝酸	HNO_3	H–O–N(=O)(O⁻)	$HNO_3 \longrightarrow H^+ + NO_3^-$	強
		酢酸	CH_3COOH	$CH_3-C(=O)-O-H$	$CH_3COOH \longrightarrow H^+ + CH_3COO^-$	弱
	二塩基酸	炭酸	H_2CO_3	O=C(O–H)(O–H)	$H_2CO_3 \longrightarrow H^+ + HCO_3^-$ $HCO_3^- \longrightarrow H^+ + CO_3^{2-}$	弱
		硫酸	H_2SO_4	(H–O)₂S(=O)₂	$H_2SO_4 \longrightarrow H^+ + HSO_4^-$ $HSO_4^- \longrightarrow H^+ + SO_4^{2-}$	強
		亜硫酸	H_2SO_3	(H–O)₂S=O	$H_2SO_3 \longrightarrow H^+ + HSO_3^-$ $HSO_3^- \longrightarrow H^+ + SO_3^{2-}$	強
	三塩基酸	リン酸	H_3PO_4	H–O–P(=O)(O–H)(O–H)	$H_3PO_4 \longrightarrow H^+ + H_2PO_4^-$ $H_2PO_4^- \longrightarrow H^+ + HPO_4^{2-}$ $HPO_4^{2-} \longrightarrow H^+ + PO_4^{3-}$	強
塩基	一酸塩基	アンモニア	NH_3	H–N(H)–H	$NH_4OH \longrightarrow NH_4^+ + OH^-$	弱
		水酸化ナトリウム	$NaOH$		$NaOH \longrightarrow Na^+ + OH^-$	強
	二酸塩基	水酸化カルシウム	$Ca(OH)_2$		$Ca(OH)_2 \longrightarrow Ca^{2+} + 2OH^-$	弱

* 強：強酸 or 強塩基　　弱：弱酸 or 弱塩基

二塩基酸、三塩基酸はそれぞれ二段階、三段階で分解します。塩基の場合も同様です。

- H^+を出すものを酸、OH^-を出すものあるいはH^+を取るものを塩基という。
- 空軌道を持つものを酸、非共有電子対を持つものを塩基ということもある。
- 酸、塩基にはH^+、OH^-を複数個出すものもある。

5-2 酸性酸化物と塩基性酸化物

酸化物の中には水に溶けて酸になるものや、塩基になるものがあります。それぞれを酸性酸化物、塩基性酸化物といいます。一般に非金属元素は前者となり、金属元素は後者となります。

1 金属元素と非金属元素

元素は大きく金属元素と非金属元素に分けることができます。自然界に存在する元素はほぼ90種類ですが、そのうち非金属元素は22種類にすぎません。残りの70種類ほどは金属元素です。遷移元素は全てが金属元素です。その他に人間が人工的に作り出した元素が26種類ほどありますが、これらも全て金属元素と考えられるので、元素の大部分は金属元素と考えることができます。

2 金属酸化物と非金属酸化物

元素の殆どは酸素と結合した酸化物を与えます。そして水に溶かすと酸になる酸化物を酸性酸化物、水に溶かすと塩基になる酸化物を塩基性酸化物と呼びます。

非金属元素の酸化物の多くは酸性酸化物であり、金属元素の酸化物の多くは塩基性酸化物です。

・酸性酸化物

窒素 N の酸化物は NO、N_2O、NO_2 等多くの種類があるので、まとめて NOx と書き、ノックスと呼びます。たとえば N_2O_3 を水に溶かすと HNO_3、硝酸という強酸となります。

またイオウ S の酸化物も多くの種類があるので、まとめて SOx、ソックスと呼びます。これも亜硫酸ガス SO_2 でわかるように水に溶けると亜硫酸 H_2SO_3 という強酸になります。

ノックス、ソックスは酸性雨の原因としてよく知られています。

・塩基性酸化物

有機物を燃やすと灰が残ります。有機物は燃やせば二酸化炭素と水になりますから、灰は有機物の燃えカスではありません。植物の中にはミネラルと呼ばれる金属分が含まれます。これが酸化されたものが灰なのです。三大栄養素の一つであるカリウム K が燃えれば酸化カリウム K_2O となり、水に溶ければ水酸化カリウムという強塩基になります。そのため灰汁は塩基性なのです。

第5章 酸・塩基と酸化・還元

図1 金属元素と非金属元素

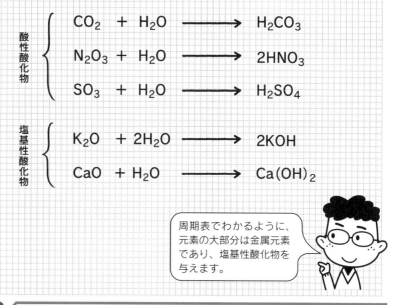

図2 酸性酸化物と塩基性酸化物

酸性酸化物
$$CO_2 + H_2O \longrightarrow H_2CO_3$$
$$N_2O_3 + H_2O \longrightarrow 2HNO_3$$
$$SO_3 + H_2O \longrightarrow H_2SO_4$$

塩基性酸化物
$$K_2O + 2H_2O \longrightarrow 2KOH$$
$$CaO + H_2O \longrightarrow Ca(OH)_2$$

> 周期表でわかるように、元素の大部分は金属元素であり、塩基性酸化物を与えます。

 ポイント
- 酸化物のうち、水に溶けると酸性になるものを酸性酸化物、塩基性になるものを塩基性酸化物と呼ぶ。
- 非金属元素は酸性酸化物、金属元素は塩基性酸化物を与える。

5-3 水素イオン指数

溶液が酸性なのか、塩基性なのかを示す指標としてよく使われるのが水素イオン指数 pH です。pH の数値が 7 なら中性、7 より小さければ酸性、7 より大きければ塩基性です。

1 水素イオン濃度

　水素イオン H^+ は酸がない水の中にも存在します。非常にわずかですが、水そのものが分解して H^+ と OH^- になっているのです（図 1）。水の H^+ と OH^- の濃度の積 K_w を水のイオン積といいます（式 1）。この値は温度が一定ならば常に一定です。
　ところで、中性の水では H^+ と OH^- の濃度は等しいのですから、式 2 が成り立ちます。つまり、それぞれの濃度は K_w のルート、つまり 10^{-7} ［mol/L］となります。

2 酸性・塩基性

　「酸・塩基」は物質の種類ですが、「酸性・塩基性」は溶液の性質です。溶液中に H^+ の多い状態が酸性であり、OH^- の多い状態が塩基性です。
　しかし、H^+ と OH^- の濃度の積は常に K_W に等しいのですから、H^+ 濃度がわかれば OH^- 濃度は自動的にわかります。したがって、溶液が酸性なのか塩基性なのかは H^+ 濃度を測定すればわかることになります。
　H^+ 濃度は通常 0.0000000001 ［mo/L］等のように非常に小さい値です。これでは 0 の個数を数え間違えそうです。このような値を表現するには指数を使って $[H^+]=10^{-10}$ ［mo/L］と表現した方がわかりやすいです。しかし、もっと簡単な表記法があります。それは対数を使うのです。つまり、$\log[H^+]=\log 10^{-10}=-10$ とするのです。
　しかし、$[H^+]$ は小さい数値ですから、対数表現にしたらマイナス（−）がつくに決まっています。つくに決まっているのなら、消してもよい。そのためには − を掛ければよいということになります。このようにして決まったのが pH の定義なのです。
　この結果、
① 中性は pH = 7 で、それ以下は酸性、それ以上は塩基性
② pH が 1 違うと濃度は 10 倍違う
という pH の重要事項が出てくるのです（図 2）。

第5章 酸・塩基と酸化・還元

図1 水のイオン積

$$H_2O \rightleftarrows H^+ + OH^-$$

$$[H^+][OH^-] = K_W = 10^{-14} (mol/L)^2 \quad \cdots\cdots (1)$$

$$[H^+] = [OH^-] = \sqrt{K_W} = 10^{-7} (mol/L) \quad \cdots\cdots (2)$$

式1の単位が $(mol/L)^2$ となっているのは左辺の H^+、OH^- の単位がそれぞれ (mol/L) だからです。

図2 水素イオン濃度指数 (pH)

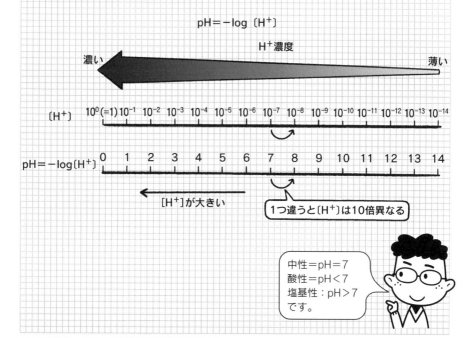

中性＝pH＝7
酸性＝pH＜7
塩基性：pH＞7
です。

- 溶液が酸性か塩基性は pH を見ればわかる。
- 中性は pH＝7 で、それ以下は酸性、それ以上は塩基性。
- pH が1違うと濃度は10倍違う。

5-4 中和反応と塩

酸と塩基の間で起こる反応を中和反応といい、水以外の生成物を塩（えん）といいます。一般に中和反応は発熱を伴う激しい反応ですから、実験を行うときには注意して下さい。

1 中和反応

酸 HA と塩基 BOH を反応すると水 H_2O と共に生成物 AB が生じます。このような反応を一般に中和反応といい、AB を一般に塩といいます。

二塩基酸の炭酸 H_2CO_3 と水酸化ナトリウム NaOH の中和反応では、反応は二段階で進行します。最初に生成する $NaHCO_3$ にはまだ酸としての H が残っています。このような塩を酸性塩といいます。この場合の"酸性"は塩の性質が酸性だということではありません。H が残っているというだけです。それに対して二段目に生成する Na_2CO_3 では H が残っていません。このような塩を正塩といいます。塩基の中和の場合も同じです。OH の残っている塩を塩基性塩、残っていないものを正塩といいます（図1）。

2 酸・塩基の強弱

酸や塩基には強いものと弱いものがあります。強い酸というのは、分解反応 $HA \rightarrow H^+ + A^-$ が100％近く進行し、多くの H^+ を発生する酸です。それに対して弱酸というのは分解が1％程度しか進行せず、少量の H^+ しか発生しない酸です。塩基の場合も同じです（図2）。

したがって、強酸と弱酸で、酸の濃度 HA は同じとしてもそこから発生する H^+ の濃度、すなわち酸性には大きな違いが表れることになります。pH で気をつけなければならないことはそこにあります。簡単にいえば、酸、塩基の濃度と pH は関係ないということです。

3 塩の性質

塩 AB は水に溶けやすく、しかもほとんど完全に A^- と B^+ に分解します。そこに水があれば A^- は水と反応していったんは酸 AH となります。同様に B^+ は BOH となります。その後に分解すると考えると考えやすいでしょう。

後は力比べです。AH が強酸で BOH が弱塩基ならば、全体としては H^+ が多くなって酸性となるでしょう。このように塩の性質は原料となる酸・塩基のうち、強い方の性質が出てくるのです。

図1 中和反応

$$HA + BOH \longrightarrow AB + H_2O$$
酸　　塩基　　　　　　塩

$$H_2CO_3 + NaOH \longrightarrow NaHCO_3 + H_2O$$
炭酸水素ナトリウム(重ソウ)
酸性塩

$$H_2HCO_3 + NaOH \longrightarrow Na_2CO_3 + H_2O$$
炭酸ナトリウム
正塩

$$Ca(OH)_2 + HCl \longrightarrow CaCl(OH)$$
塩基性酸

$$CaCl(OH) + HCl \longrightarrow CaCl_2$$
正塩

図2 酸・塩基の強弱

強酸　　$HA \xrightarrow{100\%} H^+ + A^-$

弱酸　　$HA \xrightarrow{1\%} H^+ + A^-$

$$HA + BOH \longrightarrow H_2O + \underline{\underline{AB}} \quad \cdots (1)$$
強酸　弱塩基　　　　　　　　酸性

$$HA + BOH \longrightarrow H_2O + \underline{\underline{AB}} \quad \cdots (2)$$
弱酸　強塩基　　　　　　　　塩基性

式1、2において塩ABの下につけた二重線は性質の強い方を示します。塩ABの性質は強い方に支配されます。

ポイント
- 酸と塩基の反応を中和反応といい、生成物を塩という。
- Hを残す塩を酸性塩、OHを残す塩を塩基性塩という。
- 塩の性質は中和反応した酸・塩基のうち、強い方の性質が生き残る。

5-5 酸化数と酸化・還元

酸化・還元反応は化学において最も重要な反応の一つです。わかってしまえばこれ以上ないほど簡単な反応ですが、日本語表現の関係などで、慣れないとゴチャゴチャして混乱します。それを避けるには酸化数という指標を用いることです。

1 酸化数の計算法

酸化数は原子がどれだけ＋の電荷を持っていたかを表す指標であり、イオンの価数と似ていますが、多少違うところもあります。

(1) 原子、単体の酸化数は0とする。(以下、カッコ内は原子の酸化数)

  例：H（原子）のH（0）。H_2のH（0）、O_2のO（0）、O_3のO（0）

(2) イオンの酸化数はイオンの電荷に等しい。

  例：H^+（1）、Na^+（1）、Cl^-（－1）、Fe^{2+}（＋2）、Fe^{3+}（＋3）

(3) 分子中におけるH、Oの酸化数をそれぞれ1、－2と定める。

  例：H_2OにおけるH（1）、O（－2）

  例外もある。CaH_2ではCa（2）、H（－1）

(4) 電気的に中性な化合物では、化合物を構成する全原子の酸化数の和は0とする。この約束にしたがって、多くの原子の酸化数を決定することができる。

  例：SO_2のSの酸化数をxとすると

  $x+(-2) \times 2=0$ ∴ $x=4$

  HNO_3のNの酸化数をxとすると

  $1+x+(-2) \times 3=0$ ∴ $x=5$

2 酸化数による酸化還元の定義

これ以上ないほど簡単な定義になります。

・酸化された：酸化数が増加したとき

・還元された：酸化数が減少したとき

酸化・還元という用語は時々意味が不明確になります。こんな単純な言葉のどこが問題なのだと思われるでしょう。しかし、「Aが酸化した」といったとき、Aは「自分が酸化物AOになった」のでしょうか？それともAが「Bを酸化してBOにした」のでしょうか？

酸化・還元のヤヤコシサはこの日本語表記に問題点があります。

第 5 章 酸・塩基と酸化・還元

図1　酸化数の計算

■　$\underset{原子}{\overset{(0)}{H}}$　　$\underset{単体}{\overset{(0)}{H}-\overset{(0)}{H}}$　　$\underbrace{\underset{単体}{\overset{(0)}{O}=\overset{(0)}{O}}\quad\underset{単体}{\overset{(0)}{O}=\overset{(0)}{\overset{+}{O}}-\overset{(0)}{\overset{-}{O}}}}_{同素体}$

■　$\overset{(0)}{H} \xrightarrow{-e^-} \overset{(+1)}{H^+}$　　$\overset{(0)}{Na} \xrightarrow{-e^-} \overset{(+1)}{Na^+}$

■　$\overset{(0)}{Fe} \xrightarrow{-2e^-} \overset{(+2)}{Fe^{2+}}$　　$\overset{(0)}{Fe} \xrightarrow{3e^-} \overset{(+3)}{Fe^{3+}}$

■　$\overset{(+1)(-2)}{HNO_3}$　　$\overset{(+1)\;(-2)}{H_2SO_4}$　　$\overset{(-2)}{CO_2}$　　$\overset{(-2)}{CO}$

■　$\overset{(+1)}{CH_4}$, $\overset{(+1)}{H_2S}$, $\overset{(+1)(-2)}{HNO_2}$, $\overset{(+1)\;(-2)}{H_2SO_4}$

■　$H_2\overset{(x)}{S}O_4$のS　　$1\times 2 + x + (-2)\times 4 = 0$　　∴ $x = 6$　　(1)

■　$CH_3O\overset{(x)}{H}$のC　　$x + 3 + (-2) + 1 = 0$　　∴ $x = -2$　　(2)

H_2SO_4 の S の酸化数 x を求めるのが式1です。すなわち、約束(4)に従えば、H、S、O の酸化数の和が 0 なので、このような方程式ができるのです。

ポイント
- 酸化・還元を合理的に考えるには酸化数を用いると便利である
- 酸化数はイオンの価電数に似ている。
- 酸化数が減少したら酸化された、増加したら還元されたことになる。

5-6 酸化・還元/酸化剤・還元剤

相手を酸化するものを酸化剤、相手を還元するものを還元剤といいます。酸化剤は自分自身は還元され、還元剤は自分自身は酸化されます。

1 酸化・還元と酸素授受

原子Aが酸素Oと反応してAOとなったとき、Aは酸化されたといいます。それでは分子AOが酸素を放出して原子Aと酸素Oとなったとき、Aはどうなったといえばよいのでしょうか？

これを酸化数で考えてみましょう。Aは原子ですから酸化数は0です。しかし酸素（酸化数＝－2）と反応したら酸化数は＋2になります。したがってAは酸化されたことになります。しかしAOの状態からOを放出したら、Aの酸化数はAOの状態の＋2から元の0に戻るので、還元されたことになります。

2 酸化剤と還元剤

AOが原子BにOを与えたとしましょう。Bの酸化数は＋2になるのでBは酸化されたことになります。つまり、AOは酸化剤として働いたことになります。しかし、この反応でAOはAになり、Aの酸化数は＋2から0に減少します。つまり、Aは還元されたことになるのです。

ということは、BはAを還元したことになり、Bは還元剤として働いたということになります。

このように、酸化剤は還元されているのであり、還元剤は酸化されているのです。すなわち、酸化・還元反応は一つの反応をどちら側から見るかの話にすぎないのです。

この反応の本質は酸素の授受です。AOがBに酸素をプレゼントした、それだけなのです。この「酸素の移動」をAOの側から見れば「Bを酸化し、自分は還元された」ことになり、Bの側から見れば「AOを還元し、自分は酸化された」ことになるのです。

要点は簡単です。「酸化」、「還元」、「酸化剤」、「還元剤」という呼び名に惑わされてはいけない。反応の本質は「酸素Oの行方だ」、ということです。

第 5 章　酸・塩基と酸化・還元

図1　酸化・還元剤と酸素の移動

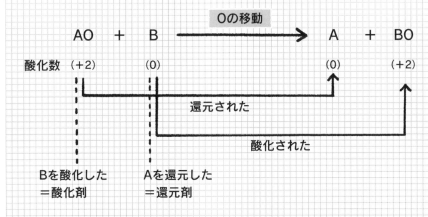

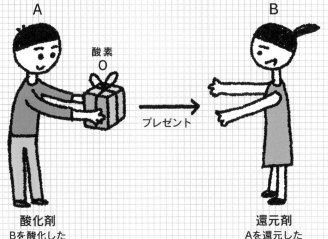

酸化剤	還元剤
Bを酸化した	Aを還元した

> この図ではAの行った酸化反応と、Bが行った還元反応という二つの反応が同時に起こっています。しかし、実際に起こっているのは酸素の移動という一つの現象にすぎないのです。

ポイント

- 相手の酸化数を増やすものを酸化剤、減らすものを還元剤という。
- 酸化剤は自分自身は還元され、還元剤は自分自身は酸化される。
- 酸化・還元反応の本質は酸素の移動である。

第6章
電気化学

電流は電子の流れです。化学は電子の科学ということができます。つまり、電気の現象は化学現象なのです。電池、電気分解、電気めっきなど、電気化学は身近な化学です。

6-1 金属の溶解

金属を酸に入れると金属が溶解して泡が出ます。この反応では金属は電子を失って陽イオンになっています。つまりこの反応は酸化反応の一種なのです。

1 溶解と酸化・還元

　ガラス容器に硫酸 H_2SO_4 の水溶液、希硫酸を入れ、ここに亜鉛板 Zn を入れます。すると亜鉛板は発熱して溶け、表面から泡が出てきます。泡を集めて火をつけるとポンと音を出して燃えることから、泡の気体は水素 H_2 であることがわかります。何が起こったのでしょう？

　Zn が溶けたということは Zn が電子を放出して亜鉛イオン Zn^{2+} になったことを意味します。そしてこのとき放出された電子を H_2SO_4 から出た水素イオン H^+ が受け取って水素原子 H となり、それが結合して水素分子 H_2 になったのです。

　ところで Zn の酸化数は 0 であり、Zn^{2+} は 2 です。つまり、Zn はこの反応で酸化されているのです。一方、H^+ は還元されています（図1）。

2 溶解と電子移動

　ガラス容器に硫酸銅 $CuSO_4$ の青い水溶液を入れ、Zn 板を入れます。Zn 板は溶けますが泡は出ません。代わりに灰色だった Zn 板の表面が赤くなります。そして溶液の青色は薄くなります。これは Zn から出た電子を青い銅イオン Cu^{2+} が受け取り、赤い金属銅となって Zn 板の表面に付着したからです。

　つまり、Zn は酸化されて Zn^{2+} になり、Cu^{2+} は還元されて Cu になったのです。これは Zn から Cu^{2+} に電子が移動したと見ることができます（図2）。

3 イオン化傾向

　この反応では、Zn 金属は Zn^{2+} イオンに変化しています。ところがこれと反対に、Cu^{2+} イオンは Cu 金属に変化しています。これは、Zn と Cu を比べると Zn の方がイオンになりやすいことを意味しています。これを、Zn の方が Cu より「イオン化傾向が大きい」、と表現します。

　このような反応をいくつもの金属元素の組み合わせで行うと、金属元素のイオン化傾向の大小をランク付けすることができます。このランクを金属のイオン化列（図3）といいます。

図1　希硫酸に亜鉛板を入れた反応

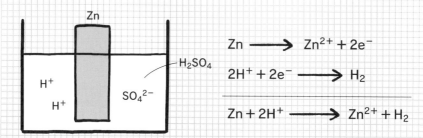

図2　硫酸銅に亜鉛板を入れた反応

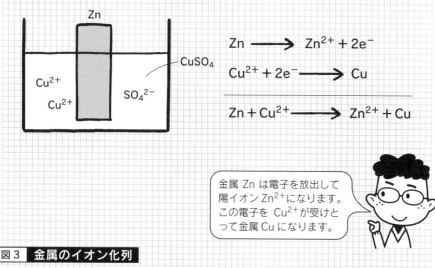

> 金属 Zn は電子を放出して陽イオン Zn^{2+} になります。この電子を Cu^{2+} が受けとって金属 Cu になります。

図3　金属のイオン化列

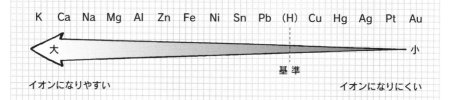

- 金属は酸に溶解して酸化され、金属イオンになる。
- 金属イオンは溶液中の電子を捕獲して金属となる。
- 金属のイオンになる「なりやすさ」を比較したものがイオン化列である。

6-2 化学電池

電流は電子の流れです。電子がA地点からB地点に流れると、電流がBからAに流れたというのです。化学反応によって電流を作り出す装置を化学電池といいます。

1 ボルタ電池

ボルタ電池は1800年にイタリアの化学者ボルタが発明した電池であり、最も原理的な電池といってよいでしょう。

ボルタ電池の構造は、容器に希硫酸を入れ、そこに亜鉛板Znと銅板Cuを入れ、両極を導線で結んだものです。Zn板が溶け出すとZn板に電子が溜まります。この電子は導線を通ってCu板に移動します。そして溶液中のH^+と反応してH_2を発生します（図1）。

この一連の反応で電子がZn板からCu板に移動しています。つまり、電流がCu板からZn板に流れたのです。その証拠に導線の途中にモータを繋げばモータは回ります。Cu板を正極、Zn板を負極といいます。

2 水素燃料電池

水素燃料電池は、水素が燃焼して水になるときの反応エネルギーを電気エネルギーとして取り出す装置です。装置の模式図は図2のようなものです。電極は両方とも白金Ptでできており、触媒の役を兼ねています。

負極に水素ガスH_2を触れさせると、水素が分解して水素イオンH^+と電子になります。電子は導線を通って正極に移動します。これが電流になります。一方H^+は電解液を通って正極に移動します。正極には酸素ガスO_2が待っています。正極に達したH^+と電子は再結合して水素H_2になり、白金触媒の力を借りて反応して水H_2Oになるのです。

水素燃料電池の利点は、廃棄物として出るものが水だけということです。そのため、環境を汚さないエネルギー源として注目されています。

問題点としては触媒に使う白金が貴金属であり、高価なことです。また、燃料に使う水素ガスは自然界には存在せず、人為的に作り出さなければならないということです。もし水の電気分解で得たとしたら、そのエネルギーは水素燃料電池を発生するためのエネルギーと等しいことになります。つまり、水素燃料電池はエネルギー発生源ではないのです。

第6章　電気化学

図1　ボルタ電池のしくみ

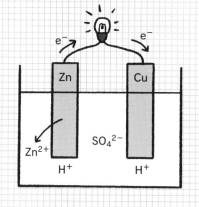
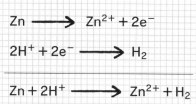

Znから発生した電子は導線を通ってCuに移動します。この電子の移動がすなわち電流なのです。

図2　水素燃料電池のしくみ

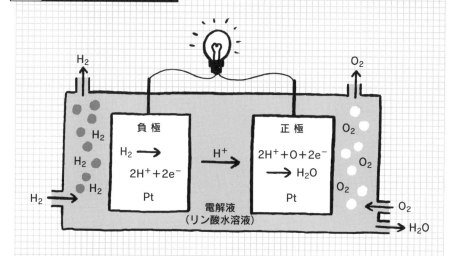

ポイント
- 電流は電子の移動である。
- 化学電池は電流を化学反応によって作る装置である。
- 水素燃料電池は燃料の水素ガスを化学反応で作る必要がある。

6-3 イオン濃淡電池と神経伝達

前節で見たように、化学電池の基本原理は単純なものですが、もっと簡単な原理で働く電池もあります。それがイオン濃淡電池です。この原理は生体でも用いられています。

1 イオン濃淡電池

　図1はイオン濃淡電池の模式図です。容器を素焼きの陶板で二つに仕切り、片方に硝酸銀 $AgNO_3$ の濃厚溶液、もう片方に希薄溶液を入れます。そして両方に電極となる銀 Ag 板を挿入し、導線で結びます。

　電極の Ag は溶液に溶け出しますが、溶け出し方に違いがあります。希薄溶液の方ではよく溶けますが、濃厚溶液の方ではあまり溶けません。この結果、希薄溶液側の Ag 板に電子が溜まります。この電子は導線を伝って濃厚溶液側の Ag 板に流れます。

　要するに電子が移動し、電流が流れたのです。電子を出した希薄溶液側が陰極であり、電子を受け取った濃厚溶液側が正極です。反応が進行すると希薄溶液側では銀イオン Ag^+ が増えて、その結果対イオンの NO_3^- が不足します。そこで、素焼き板を透して NO_3^- が移動します。

　このようにして、両室の $AgNO_3$ 濃度が等しくなった時点で電流は止まります。

2 神経伝達

　生体の神経伝達は神経細胞を通じて行われます。神経細胞内での情報伝達は電気信号によって行われます。ここで使われるのがイオン濃淡電池の原理なのです。

　神経細胞の内部にはイオン溶液が入っています。細胞内ではカリウムイオン K^+ が多く、外部ではナトリウムイオン Na^+ が多くなっています。そして神経細胞の細胞膜にはイオンが出入りするためのチャネルと呼ばれる孔が空いています。

　情報が送られてくるとチャネルを通じて細胞内から K^+ がでて、代わりに Na^+ が入ってきます。これによって細胞膜を挟んだ電圧、膜電位が変化します。情報が通過すると両イオンは元に戻ります。このような急変化の繰り返しによって、情報が神経細胞内を通過していくのです（図2）。

第6章 電気化学

図1　イオン濃淡電池のしくみ

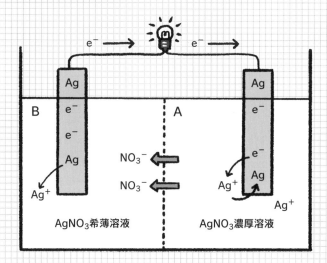

希薄溶液では電極の Ag が溶けますが、濃厚溶液では溶けません。そのため希薄溶液側の電極から電子が移動して電流になるのです。

図2　生態の神経伝達のしくみ

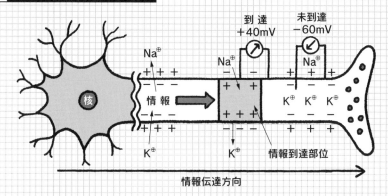

 ポイント
- 金属の溶け方は溶液中の金属イオンの濃度に影響される。
- 濃度の違うイオン溶液を用いた電池をイオン濃淡電池という。
- 神経細胞内の情報伝達はイオン濃度の変化を用いて行われる。

太陽電池

太陽電池は半導体を使った電池であり、太陽の光エネルギーを直接電気エネルギーに換えます。化学反応の反応エネルギーを電気エネルギーに換える化学電池とは大きく異なっています。

1 半導体

半導体とは伝導性が、金属などの良導体と、ガラス、プラスチックなどの絶縁体の中間に入るもののことをいいます。半導体のうち、元素の状態で半導体の性質を持つものを元素半導体、あるいは真性半導体といいます（図1）。

真性半導体の典型としてケイ素（シリコン）SiやゲルマニウムGeがありますが、これらはいずれも14族元素であり、最外殻に定員の半分、すなわち4個の電子が入っているという特徴があります。

現在の太陽電池の多くはSiを用いたシリコン太陽電池ですが、純粋なSiでは伝導度が低すぎるので、少量の不純物を混ぜて伝導度を上げています。このような半導体を一般に不純物半導体といいます。

不純物半導体には15族元素であるリンPなどを混ぜて電子過剰にしたn（negative）型半導体と、反対に13族元素のホウ素Bなどを混ぜて電子不足にしたp（positive）型半導体があります。

2 太陽電池の発電原理

太陽電池の構造は恐ろしいほど単純です。すなわち、上から透明電極、n型半導体、p型半導体、金属電極を重ねただけです。両半導体の境目をpn接合といいますが、両半導体は原子レベルで密着しています。

太陽光は透明電極と、非常に薄くて透明なn型半導体を通過してpn接合面に到達します。すると太陽光の光エネルギーを受け取った電子が自由電子となり、n型半導体に脱出します。この電子はやがて透明電極に達し、導線に導かれて金属電極に到達します。この電子の移動が電流に相当することはいうまでもありません。金属電極に達した電子はp型半導体中を移動して元に戻るというわけです（図2）。

このように太陽電池には可動部がありません。つまり、原理的に故障がありません。また光が当たるところなら、どのような場所ででも発電可能です。

第6章 電気化学

図1 伝導性

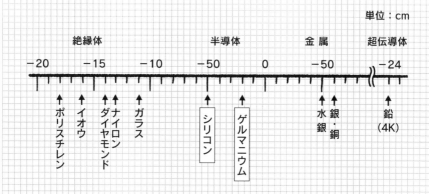

図2 太陽電池の基本的なしくみ

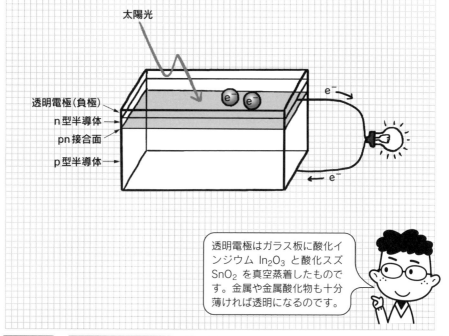

透明電極はガラス板に酸化インジウム In_2O_3 と酸化スズ SnO_2 を真空蒸着したものです。金属や金属酸化物も十分薄ければ透明になるのです。

ポイント
- 伝導度が良導体と絶縁体の中間にあるものを半導体という。
- シリコン太陽電池には不純物半導体を用いる。
- 太陽電池は可動部がないので故障がない。

081

電気分解と電気めっき

電気エネルギーを使った産業技術の代表として電気分解と電気めっきをあげることができます。特に電気めっきは身の回りの多くの金属製品に使われている身近な技術です。

1 電気分解

電気分解とはイオン結合でできた化合物を、電気を使ってその成分に分解する技術です。典型的な例は塩化ナトリウム NaCl を使ったものですが、これには二種類の方法があります（図1）。

・溶融食塩の電気分解

塩化ナトリウム（NaCl）はナトリウムイオン Na^+ と塩化物イオン Cl^- からできています。NaCl を融点（801℃）以上に加熱すると融けて液体になります。この中に電極を挿入して電流を流します。

すると Na^+ は陰極に引き寄せられ、Cl^- は陽極に引き寄せられます。この結果、陰極には金属ナトリウム Na が析出し、陽極からは塩素ガス Cl_2 が発生します。

・食塩水の電気分解

食塩水、塩化ナトリウムの水溶液中には4種類のイオンが存在します。すなわち NaCl から発生した Na^+ と Cl^-、それと水から発生した水素イオン H^+ と水酸化物イオン OH^- です。

Na と H のイオン化傾向を比べれば Na の方が大きいです。ということは電子を受け取って還元されるのは H^+ の方ということになります。同様の理由で OH^- ではなく、Cl^- が電子を渡して Cl_2 になります。

この結果、陰極からは H_2、陽極からは Cl_2 が発生します。

2 電気めっき

電気を透す溶液（電解質溶液）に電極を入れ、陰極にめっきしたい金属像 A を繋ぎ、陽極にめっきに使う金属 B を繋ぎます。

通電すると B は陽極に電子を渡して金属イオン B^{n+} となり、陰極に引かれて A の表面に達します。すると A から電子を受け取って元の金属 B に戻ります。このようにして金属像 A の表面には金属 B の薄い被膜ができることになります。これが電気めっきの原理です（図2）。

第6章 電気化学

図1 溶融金属と食塩水の電気分解

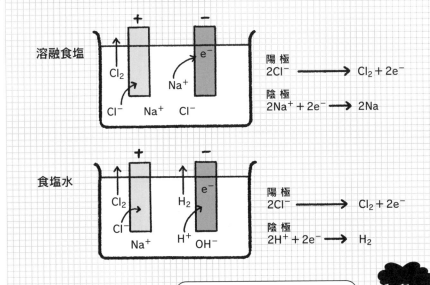

食塩の電気分解は溶融食塩の場合と、食塩水の場合とで大きく異なります。それぞれの場合で反応系に存在するイオンの種類に注意しましょう。

図2 電気めっきのしくみ

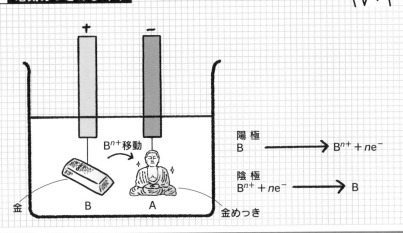

- 食塩を熔融電解すると陰極にナトリウム、陽極に塩素ができる。
- 食塩水を電気分解すると陰極に水素、陽極に塩素ができる。
- 電気めっきは電気によって金属Aの表面に金属Bの薄膜を付着する。

第7章
典型元素の種類と性質

1族、2族、それと12〜18族元素を典型元素といいます。典型元素の特色は同じ族の元素は互いに似た性質を持つということです。典型元素には常温常圧で個体のもの、液体のもの、気体のものなどがあります。

1族元素の性質

元素は典型元素と遷移元素に二大別することができます。典型元素は原子番号が増えることに伴って新たに加わった電子が、最外殻に入る原子です。そのため電子数の増加による影響が表れやすく、同族元素は性質が似ており、族ごとに性質が異なるという特徴があります。

1族元素は価電子が1個なので、それを放出すると安定な閉殻構造になることができます。そのため、1価の陽イオンになりやすいという性質があります。

・水素 H：1族元素は一般に上のような性質を持ちますが、水素は電子を放出すると原子核の陽子になってしまうなど特殊なため、1族の中で例外的な性質を持っています。例えば1族はアルカリ金属と呼ばれますが、水素はその中に含まれません。

　水素は宇宙に最もたくさんある元素です。水の重さの約10%は水素の重さです。水素分子（ガス）は分子量2の最も軽い気体です。そのため、風船や気球に用いられます。しかし、空気中で爆発的に燃焼するため、人が乗る気球に利用するには危険すぎます。水素燃料電池の燃料として期待されています。

・リチウム Li：銀白色の金属ですが、空気中では窒素 N と反応して窒化リチウム Li_3N となるため表面が黒くなります。そのため石油中に保存されます。比重0.53と最も軽い金属です。リチウム電池として重要です。

・ナトリウム Na：食塩（塩化ナトリウム）NaCl の成分としてよく知られています。銀白色のナイフで切れる軟らかい金属であり、比重0.97、融点98℃です。水と反応して水素を発生し、爆発するので石油中に保存されます。取扱いには注意が必要です。高速増殖炉の冷却材に利用されます。

・カリウム K：比重0.85、融点64℃の軟らかい金属です。空気中の水分と反応して発火することがあるので取り扱いには要注意です。窒素 N、リン P と並んで植物の三大栄養素として知られています。

図1　1族元素の主な利用

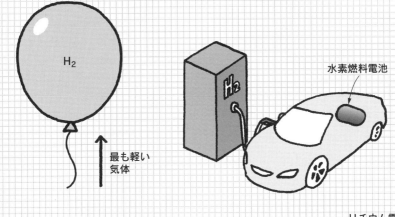

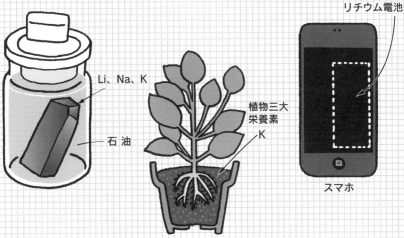

リチウム、ナトリウム、カリウムなどは空気中の湿気と反応して発火することがあるので石油中に保存します。

- 価電子が1個であり、1価の陽イオンになりやすい。
- 水素は最も軽い気体であるが、爆発的に燃焼する。
- 水素以外は金属であり、一般的に比重が小さく、融点も低い。

2族、12族元素の性質

2族、12族は共に価電子を2個持っているので、2価の陽イオンになりやすいです。ベリリウム Be、マグネシウム Mg を除く2族元素はアルカリ土類金属と呼ばれます。

・マグネシウム Mg：銀白色で比重1.74と空気中で扱うことのできる金属の中で最も軽い金属です。アルミニウム Al や亜鉛 Zn との合金はマグネシウム合金と呼ばれ、軽くて強度が高いため、航空機などに用います。マグネシウムは燃えやすく、高温で水と反応すると水素を発生して爆発するため、取扱いには注意が必要です。

・カルシウム Ca：銀白色で比重1.48の金属ですが、常温で水と反応するため、そのままで材料として用いることはできません。人体の骨格や歯を作る素材として重要です。酸化カルシウム CaO は生石灰と呼ばれ、乾燥剤に利用されますが、水に触れると発熱するので要注意です。

・亜鉛 Zn：灰色の金属です。鉄板に亜鉛をめっきしたものはトタンと呼ばれ、簡易構造物の屋根や外壁に用いられます。銅との合金は真鍮（ブラス）と呼ばれ、ドアのノブや吹奏楽器の素材に用いられます。また、タンパク質と結合したものは酵素として活躍し、生化学反応において重要な働きをしています。

・カドミウム Cd：富山県神通川流域で発生した公害、イタイイタイ病の原因物質としてあまりにも有名です。神通川上流の亜鉛鉱山で、亜鉛の同族元素として採掘されたものの、当時は利用価値がなかったため、神通川に放棄されたのが原因でした。現在では原子炉の中性子吸収剤などとして重要な素材となっています。

・水銀 Hg：ただ一つ、室温で液体の金属として知られます。熊本県水俣市で起こった公害、水俣病の原因物質として知られています。以前は体温計に用いられました。現在でも水銀灯や蛍光灯は、水銀の発光現象を利用しています。

第7章 典型元素の種類と性質

図1　2族、12族元素の主な利用

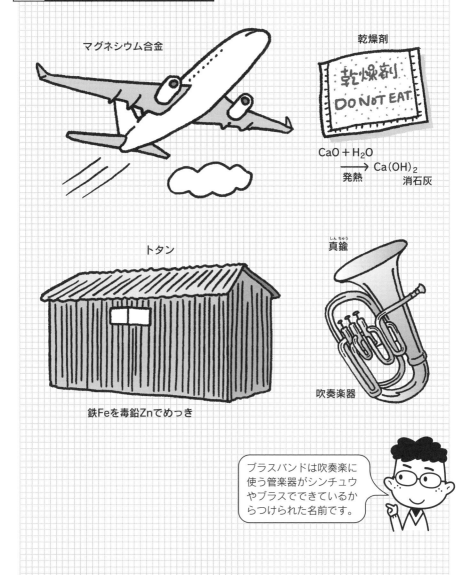

マグネシウム合金

乾燥剤

$$CaO + H_2O \xrightarrow[発熱]{} \underset{消石灰}{Ca(OH)_2}$$

トタン

鉄Feを亜鉛Znでめっき

真鍮(しんちゅう)

吹奏楽器

ブラスバンドは吹奏楽に使う管楽器がシンチュウやブラスでできているからつけられた名前です。

ポイント
- 2族、12族元素は価電子が2個なので2価の陽イオンになりやすい。
- マグネシウム合金は軽くて丈夫なので航空機に用いられる。
- カドミウム、水銀は公害の原因となった有害金属である。

7-3 13族元素の性質

13族元素はホウ素族と呼ばれ、価電子が3個なので3価の陽イオンとなりやすい性質があります。ホウ素Bを除いては全て金属元素です。

・ホウ素 B：比重2.34の軽くて黒い固体ですが、硬度は9.5もあり、単体としては硬度10のダイヤモンドに次いで硬い物質です。酸化ホウ素 B_2O_3 を混ぜたガラスは熱膨張が小さく割れにくいので、理化学ガラスや調理器具に用いられます。また、ケイ素に混ぜて p 型半導体を作ります。

・アルミニウム Al：比重2.7の白くて軽い金属です。酸化されやすい金属ですが、酸化物は硬くて丈夫な被膜、不動態となります。人為的に不動態を作った素材はアルマイトと呼ばれて各種調理器具や建材に用いられます。亜鉛 Zn や銅 Cu との合金はジュラルミンと呼ばれ、軽くて丈夫なので航空機に用いられます。アルミニウムの埋蔵量は酸素、ケイ素に次いで全元素中3番目に多いのですが、酸化物 Al_2O_3 の形で存在します。これを電気分解して得るので、電気の缶詰ともいわれます。

・ガリウム Ga：融点が29.8℃と非常に低い金属です。ヒ素 As との合金、ガリウムヒ素は半導体として各種の電子素子に欠かせません。また窒化ガリウム GaN は青色ダイオードの原料として有名であり、その発明者の赤崎、天野、中村の3人がノーベル賞を受賞したのは2014年のことでした。

・インジウム In：酸化インジウム In_2O_3、酸化スズ SnO_2 を真空蒸着したガラスは透明でありながら電気を透す透明電極、ITO 電極としてあまりに有名です。インジウムは後に見るレアメタルの一種ですが、かつては北海道で産出され、日本は世界有数の輸出国でした。しかし現在では資源が枯渇し、日本は世界有数の輸入国となっています。

・タリウム Tl：融点303℃の銀白色で軟らかい金属です。毒性が非常に強いことで有名です。日本でも明らかになっただけで、何件もの事件が起きています。

第 7 章 典型元素の種類と性質

図1　13族元素の主な利用

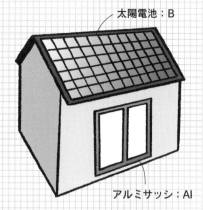
太陽電池：B

アルミサッシ：Al

耐熱ガラス：B

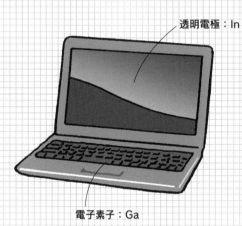
透明電極：In

電子素子：Ga

> アルミニウムは埋蔵量は多いのですが、金属として取り出すには大量の電気が必要です。酸化されやすいのですが、酸化されると表面に Al_2O_3 の緻密な膜ができ、それ以上酸化されなくなります。

ポイント
- ホウ素は耐熱ガラス、p型半導体の原料として重要である。
- アルミニウムはアルミサッシ、ジュラルミンとして重要である。
- ガリウムは半導体、インジウムは透明電極として重要である。

091

7-4 14族元素の性質

14族元素は炭素族と呼ばれ、価電子が4個です。閉殻構造になるためには4個という多くの電子を放出するか、取りいれるかしなければなりません。そのため、イオン化することなく、結合は共有結合か金属結合です。

・炭素 C：ダイヤモンド、グラファイト（黒鉛）、各種のフラーレン、各種のカーボンナノチューブと、同素体の多いことで有名です。また生命体を作る有機化合物の中心元素としても有名です。

　最近の有機化合物は伝導性、超伝導性、磁性を獲得し、無機化合物の世界に進出しています。

　炭素の酸化物、二酸化炭素 CO_2 は地球温暖化の原因とされています。

・ケイ素 Si：青みがかった灰色の固体であり、比重は2.33と軽いですが融点は1410℃あります。半導体としてあまりに有名です。最近はケイ素に少量の添加物を加えた不純物半導体や、ケイ素と他元素の反応した化合物半導体などの原料として重要です。ケイ素の埋蔵量は酸素に次いで多いのですが、酸化物 SiO_2 として産出するので、その還元に電気エネルギーを使わなければならず、価格は高騰しています。

・スズ Sn：融点232℃、灰色の金属です。ピューターと呼ばれて食器などに多く使われます。鉄板にスズめっきしたものはブリキと呼ばれ、缶詰の缶などに利用されます。また銅 Cu との合金はブロンズ（青銅）と呼ばれ、昔は青銅時代という時代区分になるほど多用されました。

・鉛 Pb：融点328℃、比重11.4の灰色の軟らかい金属です。簡単に融けて成型性に優れ、かつ重いことから、散弾銃の弾丸、釣りの錘、はんだなどに多用されました。クリスタルグラスには透明度を高めるため、重量で25〜30％程度の酸化鉛 PbO_2 が混ぜられています。また、昔は酸化鉛（鉛白）を白粉として利用しました。

　しかし鉛は神経毒性が強く、多くの利用者がその被害を受けたといわれています。そのため、現在では使用が規制され、はんだも鉛を用いないものが開発、使用されています

第7章 典型元素の種類と性質

図1　14族元素の主な利用

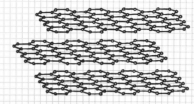

ダイヤモンド　　　　　　　グラファイト（黒鉛）

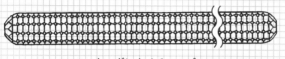

カーボンナノチューブ　　　C_{60} フラーレン

カンヅメ

ブリキのおもちゃ

クリスタルグラス

ブロンズ

クリスタルグラスが透明度が高く重いのは酸化鉛を含んでいるからです。鉛の毒性は強く、ベートーベンの耳が悪くなったのも鉛中毒のせいだという説もあるほどです。

ポイント

- 炭素は同素体が多く、かつ有機化合物の中心元素である。
- ケイ素は各種半導体の主原料として重要である。
- 鉛はポピュラーな金属であるが、毒性が強い。

15、16族元素の性質

15族は窒素族、16族は酸素族と呼ばれます。15族元素はイオンになることはありませんが、16族元素は2価の陰イオンになる傾向があります。いずれの族も周期表の上部のものは非金属、下部のものは金属元素です。

・窒素 N：気体の元素で体積で空気の4/5を占めます。植物の三大栄養素の一つです。19世紀終末にドイツの化学者ハーバーとボッシュが、水素 H_2 と窒素 N_2 を高温高圧で反応してアンモニア NH_3 を作る方法、ハーバーボッシュ法を開発しました。

　NH_3 は硝酸 HNO_3 を経由して各種の化学窒素肥料の原料になり、人類を飢えから救うのに大きく貢献しました。と同時に硝酸は爆薬の原料であるニトロ化合物の原料でもあります。ハーバーボッシュ法のおかげで人類は有り余るほどの爆薬を手に入れ、そのため、戦争が大規模、長期化したという側面もあります。

・リン P：植物の三大栄養素であるばかりでなく、全ての生物に在る DNA の主構成元素の一つです。そのため、リンの化合物には殺虫剤、化学兵器など、有毒なものがたくさんあります。

・酸素 O：体積で空気の1/5を占めます。全ての哺乳類は酸素を使って養分を酸化（代謝）し、その反応エネルギーで生命活動を行っています。酸素は多くの元素と化合して酸化物として地殻を構成しています。そのため、地殻で最も多い元素は酸素です。

　酸素分子の同素体であるオゾン O_3 は成層圏にありますが、宇宙線を防御する作用があります。このオゾンがフロンのおかげで壊れてできたのがオゾンホールです。

・硫黄 S：多くの同素体を持つことで有名です。硫化水素 H_2S は火山地帯や温泉地帯に発生する気体ですが、非常に有毒です。H_2S は空気より重いので、火山地帯の窪地に溜まっていることがあります。このような所にウッカリ足を踏み入れると昏倒し、そのまま H_2S を吸い続けて命を失うことがあります。

第7章 典型元素の種類と性質

図1 15、16属元素の主な利用

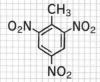

トリニトロトルエン(TNT)
爆弾の原料

CH_2-O-NO_2
$CH-O-NO_2$
CH_2-O-NO_2

ニトログリセリン
ダイナマイトの原料

NH_4NO_3

硝酸アンモニウム
化学肥料(ショウアン)
であると同時に
爆薬(アンホ爆弾)の原料

サリン

VX

ソマン

爆発は激しい燃焼と見ることができます。ニトロ基 NO_2 は 2 個の酸素を持っています。そのため、ニトロ基をたくさん持つ化合物は高い爆発性を持ちます。

ポイント

- 窒素は化学肥料や爆弾の原料になる。
- 酸素は多くの生物の生命を支える元素である。
- 硫化水素は火山地帯で発生するが毒性が強いので注意が必要である。

17族、18族元素の性質

17族元素はハロゲン元素と呼ばれ、−1価のイオンになります。18族は希ガス元素と呼ばれ、イオンにならず、反応性も低いです。

・フッ素 F：淡褐色の気体で猛毒です。反応性が非常に高く、希ガス元素を含めてほとんど全ての元素と化合物を作ります。ポリエチレンの全水素をフッ素に置き換えたテフロン®はフライパンのコーティング、レーンコートの撥水剤などに用いられます。C、ClとFだけでできた化合物フロンは揮発しやすいのでエアコンの冷媒などとして多用されましたが、オゾンホールの原因になることがわかり、使用が制限されています。

・塩素 Cl：黄緑色の気体で猛毒です。第一次世界大戦でドイツが化学兵器として用いました。Clは強い酸化作用と殺菌作用を持つため、Clを発生することのできる次亜塩素酸カリウム KClO は上水道の消毒に使うカルキの成分、漂白剤の成分として使われます。プラスチックの一種である塩化ビニルの原料としても重要です。PCBやダイオキシンの構成元素でもあります。

・ヨウ素 I：黒紫色の固体です。人間の甲状腺ホルモン、チロキシンの構成元素です。原子炉事故ではヨウ素の同位体で放射性の ^{131}I が放出されます。そのため ^{131}I が人体に取り込まれる前に無害の普通のヨウ素 ^{127}I で飽和しておこうという意図でヨウ素剤が投与されます。

・ヘリウム He：水素に次いで軽い気体です。最も重要な用途は冷媒であり、液体ヘリウムの温度は−269℃、絶対温度4K(ケルビン)です。そのため、超伝導を利用するためには欠かせません。しかし一般に市販できるほどの量を生産できるのはアメリカだけです。最近アフリカで埋蔵が確認されたとのニュースもあります。

・ネオン Ne：空気中で、窒素、酸素、アルゴン、二酸化炭素に次いで5番目に多い気体です。ガラス管に詰めて放電すると赤い光を放つことで有名です。レーザーの発振源としても利用されます。

第7章　典型元素の種類と性質

図1　17族、18族の元素の化学式

$+CH_2-CH_2+_n$　　　ポリエチレン

$+CH_2-CH(Cl)+_n$　　　ポリ塩化ビニル

$+CF_2-CF_2+_n$　　　テフロン®

PCB
$1 \leqq m+n \leqq 10$

ダイオキシン
$1 \leqq m+n \leqq 8$

甲状腺ホルモン（チロキシン）

> 塩素を含む有機物は有機塩素化合物と呼ばれ、PCB、ダイオキシン、DDT、BHC など、有害な物質が多いです。ポリ塩化ビニルと有機物を低温で燃焼すると、ダイオキシンが発生するといわれています。

- フッ素は有害元素だが、テフロン®として利用される。
- 塩素は有害だが塩化ビニルの原料となる。
- ヘリウムは超伝導現象を発現するための冷媒として欠かせない。

第8章
遷移元素の種類と性質

3〜11族の元素を遷移元素といいます。遷移元素は全てが常温常圧で固体の金属元素です。遷移元素は典型元素と違って、族ごとの固有の性質が少なく、全てが似た性質を持っています。

8-1 d軌道を含めた電子配置

第2章で見たように、元素に典型元素と遷移元素の違いが生じたのは、d軌道のエネルギー的挙動に原因がありました。そこを詳しく見てみましょう。

1 軌道のエネルギー準位と軌道の大きさの順位

もう一度2-3節の図を見てください。$Z=19$より大きい原子では、4s軌道エネルギーが3d軌道エネルギーより低くなっています。つまり軌道エネルギー準位は右の図1の左側の順になっています。しかし、軌道の大きさとしては量子数4の4s軌道の方が大きいのです。つまり図1の右側の順になっています。

2 遷移元素の電子配置

$Z=19$の原子はカリウムKです。つまり、カリウムで新たに増えた電子はM殻の3d軌道に入らず、外側にあるN殻の4s軌道に入るのです。$Z=20$のカルシウムCaでも同じです。このようにして4s軌道が満員になります。この時点で最外殻はN殻になっています。

そしてその次の$Z=21$のスカンジウムScになってから、内側（内殻、M殻）の3d軌道に電子が入ります。3d軌道の定員は10個です。したがって$Z=30$の亜鉛Znまでは、新たに増えた電子は内殻に入り続けます。

3 遷移元素

$Z=21\sim30$の間の原子は、電子が増えても価電子は4s軌道の2個のままということになります。つまり、外側のスーツは同じでYシャツだけが変化するということになるのです。

まったく同じことが4d軌道と5s軌道の間でも起こります。すなわち、$Z=39$のイットリウムYから$Z=48$のカドミウムCdに掛けて起こります。

このように$Z=21\sim30$、$39\sim48$の原子は電子数の増加が表面に出ないのです。そのため、性質の違いが明瞭になりません。このような原子群を遷移元素というのです（図2）。

一般には12族のZn、Cdは典型元素に入れますが、それは慣習で一般的にそうなっているだけです。あまり気にする必要はありません。

第 8 章 遷移元素の種類と性質

図1 電子軌道のエネルギー準位と軌道の大きさ

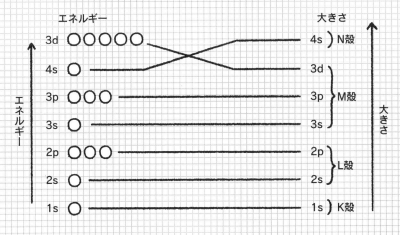

原子番号が大きくなると軌道のエネルギー順序の逆転が起こります。これが遷移元素誕生の原因になるのです。

図2 遷移元素

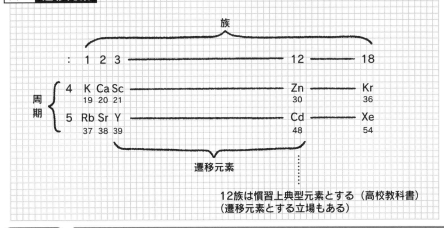

12族は慣習上典型元素とする（高校教科書）
（遷移元素とする立場もある）

- $Z=19$ を超すと 4s 軌道のエネルギーが 3d 軌道の下にくる。
- そのため、3d 軌道に電子が入る前に外殻の 4s 軌道に電子が入る。
- その後 3d 軌道に電子が入っても、価電子は 4s の電子となり続ける。

8-2 dブロック元素とfブロック元素

外殻に電子が入った後に内殻に電子が入るという変則的な電子配置はd軌道だけに起こるのではありません。f軌道に関しても起こります。

1 4f軌道エネルギーの挙動

もう一度2-3節の図を見てください。$Z=57$を見ると、4f軌道と5d軌道のエネルギーがクロスしていることがわかります。外側の5f軌道が内側の4d軌道より低エネルギーになっています。

つまり、ここでも電子配置の逆転が起こるのです。しかもここで問題が起きている4d、5f軌道を持っている原子の最外殻は量子数6のP殻です（図1）。最外殻からはるか離れた内側で「もめごと」が起きているのです（図2）。「どうでもよい」ような問題です。しかし、厳格を信条とする化学としては、しかるべく扱わなければなりません。

2 ランタノイド、アクチノイド元素

ということで、7個のf軌道に電子が入り続ける14原子を新たな遷移元素として認定することにします。これが4f軌道に電子の入るランタノイド元素と、5f軌道に電子が入るアクチノイド元素なのです。

d軌道に電子が入ることによって生じる遷移元素をdブロック元素（外部遷移元素）、f軌道に電子が入ることによって生じる遷移元素をfブロック元素（内部遷移元素）と呼ぶこともあります。

ところで、長周期表の第4周期、第5周期はdブロック元素を1個1マスに入れたため、18族になりました。もし、fブロック元素まで1個1マスに入れたら、18＋14＝32族という大家族になり、普通の本では1ページに収まりません。

そこで窮余の策として、fブロック元素を"正規？"の周期表の外に、まるで付録のように表示することにしました。これが長周期表の下側に必ずついているランタノイド、アクチノイドの原子群なのです。

これらの原子群は本来は周期表本体の3族にある、ランタノイド、アクチノイドの欄を横に広げて収納すべき原子たちなのです。将来超長周期表ができたときには、族の個数も32まで増えていることでしょう。

第8章　遷移元素の種類と性質

図1　f軌道エネルギー

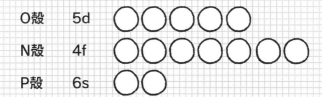

図2　f軌道の挙動

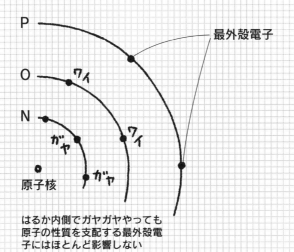

はるか内側でガヤガヤやっても原子の性質を支配する最外殻電子にはほとんど影響しない

原子の性質や反応性を支配するのは最も外側にある価電子です。内側の電子がワイワイガヤガヤいっても大勢に影響はありません。

- ●軌道エネルギーの逆転はf軌道とd軌道の間でも起こる。
- ●このような原因で生じた遷移元素を内部遷移元素という。
- ●周期表の下部の表は内部遷移元素を収容したものである。

8-3 3〜5族元素の性質

遷移元素は全てが固体であり、全てが金属元素です。3族元素のうち、スカンジウム Sc、イットリウム Y、それとランタノイド15元素は普通、希土類、レアアースとして一括して扱われます。本書でも次章で扱います。またアクチノイド15元素は放射性元素の項で扱います。

- チタン Ti：比重4.54、融点1660℃の金属です。一般に比重5以下の金属を軽金属、それ以上を重金属といいます。チタンは地殻中での存在度は全元素中9番目に多いのですが、日本ではほとんど産出しません。そのため次章で見るレアメタルに指定されています。

  軽くて強いため、航空機やメガネのツルに用いられます。酸化チタン TiO_2 は、光エネルギーによって有害物質を分解する光触媒としてよく知られています。

- ジルコニウム Zr：比重6.50、融点1852℃です。酸化物 ZrO_2 はジルコニアと呼ばれ、その単結晶であるキュービックジルコニアはダイヤモンドに近い屈折率を持つことからイミテーションダイヤとして使われます。ケイ素との化合物 $ZrSiO_2$ はジルコン〔日本名：風信用子石（ヒヤシンス石）〕として宝石の一種です。ジルコニウムの合金はジルカロイとよばれ、原子炉の燃料体の被覆材に用いられます。

- ハフニウム Hf：密度13.31と重く、融点2230℃と高い金属です。そのため、鉄との合金は超強力耐熱合金としてジェットエンジンの機材、高速切削バイトなどの工具に用いられます。また、中性子を吸収する能力が高いため、原子炉の中性子制御材に用いられます。

- バナジウム V：密度6.11、融点1890℃の金属です。人間にとっての必須元素の一つです。必須元素は人間の生存にとって必須の元素ですが、12種類の主要元素と15種類の微量元素に分けることができます。バナジウムは微量元素の一種であり、糖尿病に効果があるといわれます。バナジウム生物濃縮され、特に脊索動物の海鞘（ホヤ）が濃縮することで知られています。

第8章 遷移元素の種類と性質

図1　3〜5族元素に関連するもの

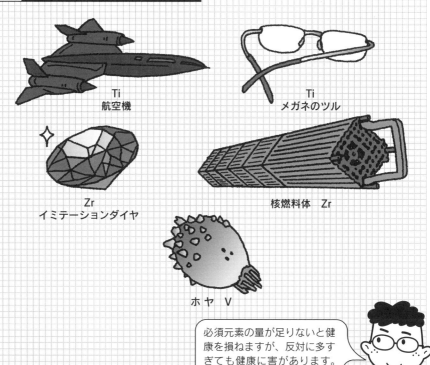

図2　人に必要な微量元素

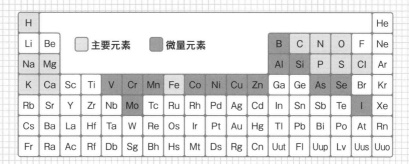

- チタンは軽くて強いので航空機やメガネのツルに用いられる。
- ジルコニウムは原子炉燃料体の被覆材に用いられる。
- バナジウムは必須金属であり、糖尿病に効果があるといわれる。

105

8-4 6〜7族元素の性質

一般にd軌道は5個の電子、10個の電子で埋まっているときが安定です。そこで、この様な電子配置を作るために最外殻s軌道の電子数が利用されることがあります。この結果、遷移元素の価電子(最外殻s軌道電子)は必ずしも2個とは限らないことになります。クロム Cr、モリブデン Mo の価電子は1個です。

- クロム Cr：比重7.19、融点1857℃の硬くて美しい金属です。酸化されると不動態を作り、それ以上の酸化に逆らいます。そのため、ニッケル Ni、鉄 Fe との合金はステンレスとして知られています。また水道の蛇口などのめっきに使われます。クロムは必須元素ですがそれは3価イオン Cr^{3+} の場合だけであり6価イオン Cr^{6+} は強い毒性を持っています。

- モリブデン Mo：比重10.22、融点2617℃の銀白色の金属です。日常生活で接する機会の少ない金属ですが、生物学的には空気中の窒素を固定する元素として知られています。植物は空気中の窒素ガスをアンモニアなどに変換して利用しますが、これを空中窒素の固定といいます。この作用を行う酵素がモリブデンと鉄を含む分子量20万ほどのタンパク質であることあることが知られています。

- タングステン W：金と同じ19.3という比重と、3410℃という非常に高い融点をもっています。白熱電球のフィラメントに用いるほか、炭化タングステンはサファイア並みの硬度をもつことから、切削工具として用いられます。

- マンガン Mn：比重7.44、融点1244℃です。マンガン乾電池の成分として使われます。水深4000〜6000m の海底に直径数 cm〜数十 cm の団子状のマンガン団塊(図2)として存在することが知られています。

- テクネチウム Tc：全ての同位体が放射性であり、半減期(図3)の最も長いものでも420万年しかありません。そのため、地球の長い歴史の中で全てが壊変してしまい、現在では残っていません。利用する場合には原子炉などで人工的に作ります。

第8章　遷移元素の種類と性質

図1　クロムが入っているステンレスとタングステンの利用

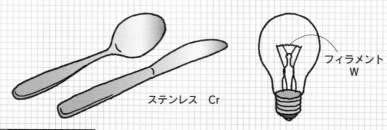

ステンレス　Cr

フィラメント W

図2　マンガン団塊

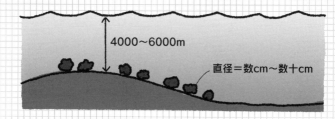

4000〜6000m

直径＝数cm〜数十cm

図3　半減期

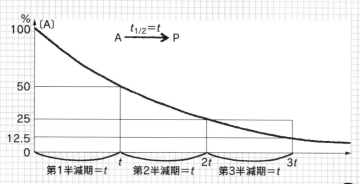

$A \xrightarrow{t_{1/2}=t} P$

第1半減期＝t　　第2半減期＝t　　第3半減期＝t

＜半減期とは＞　反応A→Pにおいて時間が経てばAはPに変化するのでAの濃度は低下します。Aの濃度が最初の濃度の半分になるのに要する時間を半減期$t_{1/2}$といいます。時間が半減期の2倍、すなわち$2t_{1/2}$だけ経つと半分の半分、つまり(1/2)2＝1/4となります。半減期の短い反応は速い反応ということになります。

- ●遷移元素の最外殻電子は1個、2個の場合がある。
- ●クロムはステンレスやめっきに使われるが Cr^{6+} は有害である。
- ●テクネチウムは半減期が短いので全てが壊れてしまった。

8-5 鉄族元素

遷移元素の中には周期表の上下で性質が似るのでなく、横並びで性質が似ているものがあります。鉄族元素はその典型です。これは第4周期の8、9、10族元素である鉄、コバルト、ニッケルのことをいいます（図1）。

- 鉄 Fe：比重7.87、融点1535℃です。地球全重量の30〜40％は鉄といわれ、地球で最も多い元素です。地殻でも酸素、ケイ素、アルミニウムに次いで4番目に多い元素です。鉄器時代という時代区分があるほど人類と馴染の深い金属です。現代ではこれまでの構造材だけでなく、磁性を通じて記憶情報の担い手として、現代文明を支える金属です。

    純粋の鉄として産することはなく、酸化鉄として産出するので、これを還元しなければなりません。還元の手段は炭素です。木炭や石炭を使った還元法（精錬法）が各国で発達してきました。

- コバルト Co：密度8.9、融点1495℃の灰色の金属です。日常接するのは各種色素としてでしょう。白い磁器に青い色で絵を描いたものを染付といいますが、あの青い色はCoとアルミニウムAlの酸化物 $CoAl_2O_4$ によるものです。

    自然界のCoは100％がCoの同位体 ^{59}Co ですが、原子炉で人工的に作った ^{60}Co は$β$線を出してニッケルの同位体 ^{60}Ni になり、これが$γ$線を出します。この$γ$線をジャガイモに照射するとジャガイモは芽を出さなくなるので、有毒物質のソラニンも出なくなります。

- ニッケル Ni：密度8.90、融点1453℃です。地球の中心部は鉄とニッケルでできているといわれます。銅との合金は白銅といわれ、楽器、食器、貨幣などに使われます。日本の貨幣では50円、100円、500円が白銅貨です。Niとカドミウム Cdを使った電池はニッカド電池といわれます。クロム、鉄とともにステンレス合金の原料ですが、金属アレルギーが出ることがあります。

第 8 章 遷移元素の種類と性質

図1 鉄族元素

H																	He
Li	Be	鉄族										B	C	N	O	F	Ne
Na	Mg											Al	Si	P	S	Cl	Ar
K	Ca	Sc	Ti	V	Cr	Mn	Fe	Co	Ni	Cu	Zn	Ga	Ge	As	Se	Br	Kr
Rb	Sr	Y	Zr	Nb	Mo	Tc	Ru	Rh	Pd	Ag	Cd	In	Sn	Sb	Te	I	Xe
Cs	Ba	La	Hf	Ta	W	Re	Os	Ir	Pt	Au	Hg	Tl	Pb	Bi	Po	At	Rn
Fr	Ra	Ac	Rf	Db	Sg	Bh	Hs	Mt	Ds	Rg	Cn	Uut	Fl	Uup	Lv	Uus	Uuo

図2 鉄族元素の利用

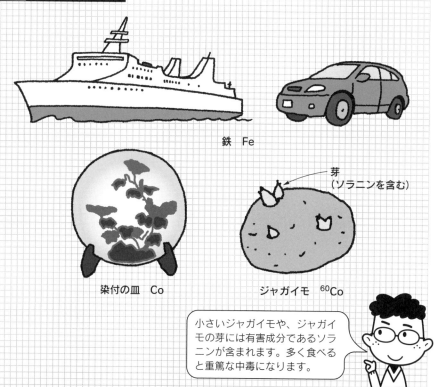

鉄 Fe

染付の皿 Co

ジャガイモ ^{60}Co

芽（ソラニンを含む）

小さいジャガイモや、ジャガイモの芽には有害成分であるソラニンが含まれます。多く食べると重篤な中毒になります。

ポイント
- 鉄は構造材、磁性材として現代社会を担っている。
- コバルトは顔料や、放射性物質として使われる。
- ニッケルは白銅、ステンレスの原料であるが金属アレルギーが出る。

8-6 白金族元素

パラジウム類、白金類の6種をまとめて白金族元素といいます（図1）。更に11族の銀 Ag、金 Au を含めた8元素を化学的に貴金属と呼びます。白金族は比重、融点共に高く、耐薬品性が高いという特徴があります。

・8〜10族元素のうち、第6周期のルテニウム Ru、ロジウム Rh、パラジウム Pd の3元素はまとめてパラジウム類といわれます。

パラジウム類：ルテニウム Ru（比重12.37、融点2310℃）は磁気記録の記録密度を高めるとともに安定化させる効果があります。

ロジウム Rh（比重12.41、融点1966℃）は硬くて美しいので宝飾品のめっきに使われます。また、パラジウム、白金とともに自動車の排ガス中の窒素酸化物、一酸化炭素、燃え残りの炭化水素を分解除去する三元触媒の成分となっています。

パラジウム Pd（比重12.60、融点1554℃）は水素ガス H_2 を吸収する水素吸蔵金属として知られます。金属結晶は少なくとも体積の24％は隙間です。この隙間に小さい水素原子が入り込むのです。Pd の場合、自体積の900倍の H_2 を吸収することができます（図2）。

・8〜10族元素のうち第4周期のオスミウム Os、イリジウム Ir、白金（プラチナ）pt の3元素は白金類といわれます。

白金類：オスミウム Os（比重22.57、融点3045℃）。Os は全元素中最高の比重を誇ります。ニンニクのような匂いがあり、名前の語源はギリシア語の匂い"osme"といいます。

イリジウム Ir（比重22.42、融点2400℃）は耐腐食性が大きいので、キログラム原器や万年筆のペン先として使われます。

白金 Pt（比重21.45、融点1772℃）は金と並んで最高の貴金属とされますが、融点が高いので細工が困難であり、貴金属とされたのは18世紀頃以降のようです。Pt は宝飾品になるだけでなく、各種の触媒として化学産業に欠かせません。三元触媒は先に見ましたが、水素燃料電池も白金触媒がなければ稼働しません。有機化学における水素付加反応、あるいは白金カイロにおける石油の燃焼も白金触媒によるものです。また、白金を原料にした白金製剤には抗ガン剤として活躍しているものもあります。

第8章 遷移元素の種類と性質

図1　パラジウム類と白金類

H																	He
Li	Be		□ パラジウム類		■ 白金類						B	C	N	O	F	Ne
Na	Mg											Al	Si	P	S	Cl	Ar
K	Ca	Sc	Ti	V	Cr	Mn	Fe	Co	Ni	Cu	Zn	Ga	Ge	As	Se	Br	Kr
Rb	Sr	Y	Zr	Nb	Mo	Tc	Ru	Rh	Pd	Ag	Cd	In	Sn	Sb	Te	I	Xe
Cs	Ba	La	Hf	Ta	W	Re	Os	Ir	Pt	Au	Hg	Tl	Pb	Bi	Po	At	Rn
Fr	Ra	Ac	Rf	Db	Sg	Bh	Hs	Mt	Ds	Rg	Cn	Uut	Fl	Uup	Lv	Uus	Uuo

図2　パラジウムの水素ガスを吸収するしくみ

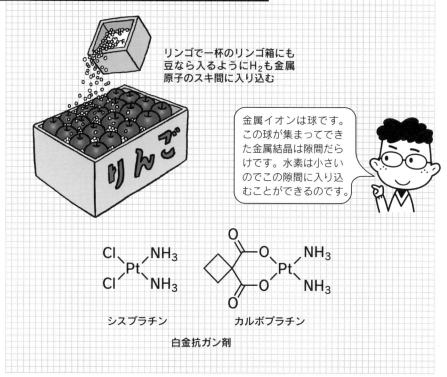

リンゴで一杯のリンゴ箱にも豆なら入るようにH_2も金属原子のスキ間に入り込む

金属イオンは球です。この球が集まってできた金属結晶は隙間だらけです。水素は小さいのでこの隙間に入り込むことができるのです。

シスプラチン　　カルボプラチン

白金抗ガン剤

- ●白金族は比重、融点共に高く、耐腐食性が高い。
- ●ロジウム、パラジウム、白金は三元触媒となる。
- ●白金は水素燃料電池の触媒、抗ガン剤の原料となる。

8-7 11族元素

金（こがね）Au、銀（しろがね）Ag は昔から貴金属の両雄として知られます。銅 Cu も日本では赤がねと呼ばれ、価値ある金属とされてきました。

- 銅 Cu：比重8.96、融点1084℃の赤くて軟らかい金属です。銀に次いで電気伝導度が高く、展性延性も大きいです。殺菌作用があるので流しの三角コーナー等に用いられるほか、合金として貨幣にも用いられます。スズ Sn との合金は青銅（ブロンズ）、亜鉛 Zn との合金は真鍮（黄銅、ブラス）、ニッケル Ni との合金は白銅、ニッケル、亜鉛との合金は砲金などと、各種の合金として利用されます。

- 銀 Ag：比重10.50、融点961.9℃で、全金属中、最も白い金属とされます。そのため各種宝飾品として欠かせない金属です。しかし空気中に放置するとイオウ分と反応して黒くなります。強い殺菌作用があり、食器、殺菌スプレーなどに利用されます。全金属中最高の電気伝導度と熱伝導度を持っています。

- 金 Au：比重19.3、融点1064.4℃の黄色の美しい金属です。各種宝飾品として欠かせません。かつて紙幣の価値を金で担保する金本位制のもとで、価値の根源として重要視されました。全金属中、最高の展性と延性を持ち、1gの金を針金にすると3000m 近くに伸び、箔にすると数平方 m、厚さ1万分の1mm になり、透かすと外界が青緑色に見えます。

　耐薬品性に優れ、金を溶かすのは王水（硝酸：塩酸＝1：3の混酸）しかないといわれるようですが、そのようなことはありません。ヨウドチンキに溶けますし、猛毒の青酸カリ（シアン化カリウム）水溶液にも溶けます。ただし、これらの場合には金イオン Au^+ そのものではなく、シアンイオン CN^-、ヨウドイオン I^- などとの化合物（錯イオン）となっています。金の化合物である金チオリンゴ酸ナトリウムは数少ないリュウマチの治療薬として知られています。

　宝飾界で貴金属というと金、銀、白金（プラチナ）ホワイトゴールドがあります。しかしホワイトゴールドは金を主体とした合金であり、元素ではありません。日本語訳は"白色金"です。

図1　11族元素の利用

ブロンズ像　　　銀食器　　　金貨　銀貨　白銅貨

図2　金チオリンゴ酸ナトリウム

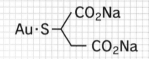

銅には殺菌作用があります。硬化に銅が用いられたのはそのせいもあるといいます。銅の錆をロクショウといいます。昔はロクショウは有毒といわれましたが、現在では無毒であることが説明されています。

コラム　銀の解毒殺菌作用？

　銀はイオウSにあうと硫化銀AgSとなって表面が黒くなります。ルネサンス期の人々は、銀がヒ素Asとも反応して黒くなると信じていたようです。

　ルネサンス期のヨーロッパは権謀渦巻く激動の時代であり、上流階級の人々は常に暗殺を恐れていました。そして当時の暗殺の手段はヒ素による毒殺が主でした。そのためもあって、上流階級では食器を銀製にしたのです。

　銀はヒ素にあっても黒くはなりません。しかし当時のヒ素は精製が不十分でイオウが含まれていたといいますから、もしかしたら銀はこのような不純なヒ素にあって黒くなり、ヒ素の存在を教えてくれたのかもしれません。

 ポイント

- 銅は青銅、黄銅、白銅など各種の合金の原料となる。
- 銀は最高の電気伝導度、熱伝導度をもち、殺菌作用もある。
- 金は最高の展性・延性を持ちリューマチの治療薬にもなる。

第9章
レアメタル・レアアースの化学

レアメタルは希少金属といわれ、全部で47種類あります。レアアースは希土類といわれ、全部で17種類ありますが、全てレアメタルに指定されています。レアメタルは現代科学産業にとって欠くことのできない元素です。

9-1 レアメタルの定義と種類

レアメタルの日本語訳は"希少金属"です。しかし、金や銀も希少な貴金属ですが、レアメタルには入っていません。レアメタルの希少性とはどういうことなのでしょうか？ちなみにレアメタルではない金属はコモンメタル、汎用金属などと呼ばれます。

1 レアメタルの定義

これまでに周期表を中心にいろいろの元素の名前、分類を見てきましたが、レアメタル、希少金属という分類はありませんでした。それは当然で、レアメタルという分類は化学的はもとより、科学的なものではありません。レアメタルの分類、そのための定義は政治、経済上のものなのです。図2にレアメタルを周期表に示しました。

レアメタルは次の三条件のうち、一つでも満たせば指定される可能性があります。それは

①地殻中での存在量が少ない。
②産出箇所が特定の地域に集中している。
③単離、精製が困難である。
というものです。

2 定義の意義

②によれば、地球上にはたくさんあっても、特定の国にしかなければレアメタルですし、③によれば、たくさんあっても単離精製が困難であればレアメタルとなります。特に②に従えば、ある国にとってはレアメタルであっても、ある国にとってはレアメタルでない、ということになります。

日本の立場で端的にいえば、レアメタルとは「産業にとって有用な金属だが、日本で産しない金属」ということになります。この立場に従って全部で47種類の元素がレアメタルに指定されています。希少"金属"といいながら、非金属元素のホウ素 B、セレン Se、テルル Te が含まれていることが科学的な分類ではないことを示しています。

第9章　レアメタル・レアアースの化学

図1　レアメタルの定義

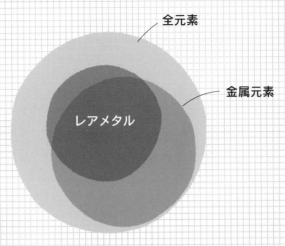

元素は全部で118種あります。そのうち90種ほどが金属元素です。レアメタルは金属元素を主として全部で47種の元素が指定されています。

図2　周期表上のレアメタル

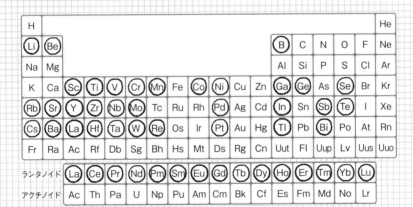

- レアメタルの定義は政治・経済的なものであり、科学的ではない。
- 世界的にたくさんあっても、日本で採れなければレアメタルである。
- レアメタルとは産業にとって重要であり、日本で産しない元素である。

9-2 レアメタルの産出国と用途

レアメタルは現代の化学産業だけでなく、機械産業、電気・電子産業、情報産業にとって不可欠の元素です。そのため、かつては「産業のビタミン」といわれました。しかし現在ではビタミンどころではなく、「産業の米」とまでいわれます。それだけ重要になったのです。

1 レアメタルの産出国

それだけ大切なレアメタルですが、残念ながら日本ではほとんど産出しません。それでは他の国ではどうなのでしょうか？他の国ではふんだんに産出するのでしょうか？レアメタルの困った点は、わずか数か国に集中して存在することが多いということです。

例えば、タングステンWは世界の総生産量の82％を中国一国が占めています。プラチナは南アフリカが70％を占めますし、リチウム電池で重要なリチウムLiではオーストラリアとチリの二か国で94％を占めます。

自国で産出しない国は仕方ありません、産出国から買う以外ありません。しかし今やレアメタルはただの商品ではなくなりつつあります。戦略物質の観があるのです。仲の良い国には譲っても、敵対関係にある国には売らない、そうならないとは限りません。

2 レアメタルの用途

本章の標題は「レアメタルとレアアース」となっています。しかし、先に見たように、レアアースは希土類であり、化学的な分類です。つまり、レアアースはレアメタルの一部なのです。レアアースは非常に特殊な性質を持ち、レアメタルの中でも別格の用途を持っています。そこで、ここではレアアース以外のレアメタルの用途に限って見てみましょう。

この場合のレアメタルの用途は、簡単にいえば鉄合金の改質、改良です。鉄は重要な構造材ですが、欠点も多い金属です。錆びやすく、曲がりやすく、軟らかい金属です。これを、耐薬品性を高め、強度、硬度、更に耐熱性を高めるためには、レアメタルを添加する必要があるのです。現在の航空機、自動車、切削工具、スポーツ用品等、高性能を要求される金属で、レアメタルの入っていない金属はないといってよいでしょう。

第9章 レアメタル・レアアースの化学

表1　主要レアメタルの生産量と埋蔵量

	生産量	生産量上位国		埋蔵量	埋蔵量上位国	
レアアース (REE)	124,000 (トン)	①中国 ②オーストラリア ③アメリカ	105,000 10,000 4,100	130,000,000 (トン)	①中国 ②ブラジル ③オーストラリア	55,000,000 22,000,000 3,200,000
リチウム (Li)	32,500 (トン)	①オーストラリア ②チリ ③アルゼンチン	13,400 11,700 3,800	14,000,000 (トン)	①チリ ②中国 ③アルゼンチン	7,500,000 3,200,000 2,000,000
チタン (Ti)	5,610 (トン)	①中国 ②オーストラリア ③ベトナム	900 720 540	740,000 (トン)	①中国 ②オーストラリア ③インド	200,000 140,000 85,000
バナジウム (V)	79,400 (トン)	①中国 ②南アフリカ ③ロシア	42,000 19,000 15,000	15,000 (トン)	①中国 ②ロシア ③南アフリカ	5,100 5,000 3,500
クロム (Cr)	31,000 (トン)	①南アフリカ ②カザフスタン ③トルコ	15,000 3,800 3,600	480,000以上 (トン)	①カザフスタン ②南アフリカ ③インド	230,000 200,000 54,000
マンガン (Mn)	18,000 (トン)	①南アフリカ ②中国 ③オーストラリア	6,200 3,000 2,900	620,000 (トン)	①南アフリカ ②ウクライナ ③オーストラリア	200,000 140,000 91,000
コバルト (Co)	124,000 (トン)	①コンゴ ②中国 ③カナダ ③ロシア	63,000 7,200 6,300 6,300	7,100,000 (トン)	①コンゴ ②オーストラリア ③キューバ	3,400,000 1,100,000 500,000
セレン (Se)	2,000 (2012年) (トン)	①日本 ②ドイツ ③ベルギー	650 650 200	98,000 (2012年) (トン)	①チリ ②ロシア ③ペルー	25,000 20,000 13,000
ジルコニウム (Zr)	1,410 (トン)	①オーストラリア ②南アフリカ ③中国	500 380 140	78,000 (トン)	①オーストラリア ②南アフリカ ③インド	51,000 14,000 3,400
ニオブ (Nb)	56,000 (トン)	①ブラジル ②カナダ	50,000 50,000	>4,300,000 (トン)	①ブラジル ②カナダ NA	4,100,000 200,000 NA
モリブデン (Mo)	267,000 (トン)	①中国 ②アメリカ ③チリ	101,000 56,300 49,000	11,000 (トン)	①中国 ②アメリカ ③チリ	4,300 2,700 1,800
インジウム (In)	755 (トン)	①中国 ②北朝鮮 ③日本	370 150 72	（定量的推定はできず）		
タンタル (Ta)	1,200 (トン)	①ルワンダ ②コンゴ ③ブラジル	600 200 150	>100,000 (トン)	①オーストラリア ②ブラジル —	67,000 36,000 —
タングステン (W)	87,000 (トン)	①中国 ②ベトナム ③ロシア	71,000 5,000 2,500	3,300,000 (トン)	①中国 ②カナダ ③ロシア	1,900,000 290,000 250,000
ビスマス (Bi)	13,300 (トン)	①中国 ②ベトナム ③メキシコ	7,500 5,000 700	370,000 (トン)	①中国 ②ベトナム ③ボリビア ③メキシコ	240,000 53,000 10,000 10,000

出典：「MINERAL COMMODITY SUMMARES 2016」をもとに作成

リチウムはリチウム電池、蓄電池として欠かせませんが、オーストラリアとチリの独占状態です。リチウムを用いない高性能電池の開発が待たれます。

ポイント
- レアアースは3族の希土類のことであり、レアメタルの一種である。
- レアメタルは2、3の国で全世界生産量の大半を産することがある。
- レアアース以外のレアメタルは主に鉄合金の改質に使われる。

9-3 レアアースの定義と性質

レアアースは3族元素であり、日本名で希土類といわれます。レアアースはレアメタルの一種であり、発光、磁性、レーザ発振など、現代化学産業の最先端の部分を担います。

1 レアアースの定義

レアアースはレアメタルの一種です。レアアースは日本語で希土類といい、その定義はレアメタルの定義と異なって、完全に化学的なものです。すなわちレアアースは、周期表本体部分の3族元素の上部から3種類、スカンジウムSc、イットリウムY、それとランタノイド元素をいいます。

ただし、ランタノイド元素は周期表本体の下部の付表（図1）にあるとおり、全部で15種類の元素からなる集団です。したがってレアアースは全部で17元素の集団ということになります。

レアメタルは全部で47種類の元素集団ですから、その中の17種類、1/3以上を占めるレアアースは大集団ということができるでしょう（表1）。

2 レアアースの性質

レアアースの性質の第一は、互いに似ているということです。特にランタノイドは先に見たようにfブロック元素です。ということは、原子番号の増加に伴って加わった新しい電子が、最外殻より二つ内側の電子殻にあるf軌道に入るということです。

これは先にたとえたとおり、各元素の間の違いが下着の違い程にしかならないということを意味します。例えば、ランタノイドの比重はほぼ6～9の間に入りますし、融点もほぼ800～1600℃の間に入ります。

このようなことから、各元素の違いは現代化学の目でよほど注意深く見ないとわかりません。これは、各元素を分離することが非常に困難、ということを意味します。レアメタルの定義の3番目、分離精製が困難、ということがまさしく当てはまるのです。

独自性があるとしたら色彩でしょう。多くの金属は銀白色ですが、ランタノイドには淡紅色や淡緑色のものがいくつかあります。また3価イオンの色彩も黄色、ピンク、赤、緑、紫と色とりどりです。

第9章 レアメタル・レアアースの化学

図1　周期表中のレアアース

H																	He
Li	Be		☐ レアアース									B	C	N	O	F	Ne
Na	Mg											Al	Si	P	S	Cl	Ar
K	Ca	Sc	Ti	V	Cr	Mn	Fe	Co	Ni	Cu	Zn	Ga	Ge	As	Se	Br	Kr
Rb	Sr	Y	Zr	Nb	Mo	Tc	Ru	Rh	Pd	Ag	Cd	In	Sn	Sb	Te	I	Xe
Cs	Ba	La	Hf	Ta	W	Re	Os	Ir	Pt	Au	Hg	Tl	Pb	Bi	Po	At	Rn
Fr	Ra	Ac	Rf	Db	Sg	Bh	Hs	Mt	Ds	Rg	Cn	Uut	Fl	Uup	Lv	Uus	Uuo

ランタノイド	La	Ce	Pr	Nd	Pm	Sm	Eu	Gd	Tb	Dy	Ho	Er	Tm	Yb	Lu
アクチノイド	Ac	Th	Pa	U	Np	Pu	Am	Cm	Bk	Cf	Es	Fm	Md	No	Lr

表1　レアアースは17種類

元素名	元素記号	比重	融点	単体の色	3価イオンの色
スカンジウム	Sc	2.97	1,541	銀白色	無色
イットリム	Y	4.47	1,522	銀白色	無色
ランタン	La	6.14	921	銀白色	無色
セリウム	Ce	8.24	799	銀白色	無色
プラセオジウム	Pr	6.77	931	淡黄緑色	緑色
ネオジム	Nd	7.01	1,021	淡紫色	淡紫色
プロメチウム	Pm	7.22	1,168	淡紅色	淡紅色
サマリウム	Sm	7.52	1,077	淡黄色	黄色
ユウロピウム	Eu	5.24	822	淡紅色	淡紅色
ガトリニウム	Gd	7.90	1,313	銀白色	無色
アルビウム	Tb	8.23	1,356	淡紅色	淡紅色
ジスプロシウム	Dy	8.55	1,412	淡黄緑色	黄色
ホルミウム	Ho	8.80	1,474	黄色	黄色
エルビウム	Er	9.07	1,529	ピンク色	淡紫色
ツリウム	Tm	9.32	1,545	淡緑色	緑色
イッテルビウム	Yb	6.97	824	銀白色	無色
ルテチウム	Lu	9.84	1,663	銀白色	無色

レアアースは互いに比重、融点が似ていますが、金属状態やイオン状態の色に個性があります。

- レアアースはレアメタルの一種であり、17元素の集団である。
- ランタノイドはfブロック元素であり、性質が互いによく似ている。
- ランタノイドは単体、イオン共に色彩を持っているものが多い。

9-4 レアアースの生産

レアアースの産出地域は全世界に広がっていますが、商業的な生産量はその84％を中国一国が独占しています。それはレアアースの単離精製が困難ということに原因があります。

1 レアアースの埋蔵地域

　図1はレアアースの埋蔵地域です。海岸地帯に多いのは発見される確率の問題と見てよいでしょう。今後更に開発が進めば、内陸地帯からの発見が続出するのではないでしょうか？　それにしてもレアアースはレアメタルと違い、世界中の広い地域から発見されていることがわかります。

　しかし、実はこれももうすこし詳しく見ると、違う実情が見えてきます。レアアースは二種類に分けることができます。ランタノイドのうち、原子番号の若い方の軽希土類とそれ以外の重希土類です。図1に示されていたのは全希土類の分布であり、重希土類の埋蔵が確認されているのは現在のところ、中国南方にほぼ限られています。

2 レアアースの産出

　地下資源の埋蔵量と生産量は異なります。生産量というのは地下資源を掘りだし、単離精製し、製品として出荷した量のことをいいます。中国はこの生産量が全世界総生産量の84％を占めると言うことです。中国のレアアース埋蔵量は世界総埋蔵量のおよそ1/3であり、その面積を考えればことさらに多いと言うこともありません。

　にも拘らず、生産量でずば抜けているのはなぜなのか？　それには中国の政治、経済的な国家戦略があります。中国は歴史の早い段階でレアアースの重要性を重視し、国を挙げてレアアースの分離精製に力を入れ、かつ、それを諸外国に比べて廉価で供給したのです。多くの外国企業はこの廉価競争に負けました。

　もう一つはレアアースの単離精製の困難さです。ただ困難なだけではありません。レアアースには多くの場合トリウムThという放射性元素が付随します。このような危険な鉱物を扱うには、環境問題に鋭敏な国では問題が多すぎます。

　環境問題におおらかな中国だからこそ可能という、かなり逆説的な要素もあるようです（図2）。

第9章 レアメタル・レアアースの化学

図1 レアアースの埋蔵地域

図2 レアアースに付随する放射性元素、トリウム

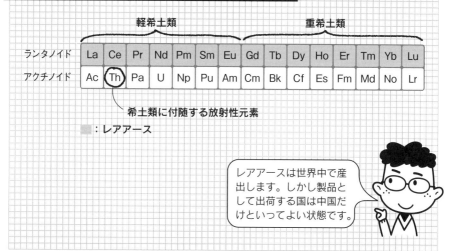

> レアアースは世界中で産出します。しかし製品として出荷する国は中国だけといってよい状態です。

ポイント
- レアアースは全世界に広く分布するが重希土類はそうでない。
- 生産量とは埋蔵されたレアアースを掘りだし、製品化した量である。
- レアアースには放射性元素が付随することが多い。

9-5 レアアースの用途

発光、発色、磁性、レーザーなど、レアアースは現代科学産業の最先端分野を一手に担っているといってよいでしょう。

1 発光

それまでの白黒テレビからカラーテレビが登場した頃、某社が自社のある製品（テレビ）に付けた名前がキドカラー®でした。"キド"は画面が明るいという意味の"輝度"と、ブラウン管に用いられた希土類の"希土"を兼ねたものだといわれました。

レアアースにはこのように多彩な色彩の光を発光する能力があるのです。この能力は、薄型テレビに至った現在でも変わるものではありません。

いくつかの例を表1にしました。

2 レーザ発振

レーザは工業的な切断、彫刻などの他、医療のレーザメス、あるいは各種美容医療、更には大陸間弾道弾を打ち落とす兵器開発などに広く用いられています。

レーザは簡単にいえば光です。光は電磁波という波であり、山と谷がありますが、多くの光の山と山を揃える（位相を揃える）と大きなエネルギーを生み出します。発信源によく使われるのがレアアースです。特にイットリウムY、アルミニウムAlをザクロ石（ガーネット）型の結晶構造にしたYAGレーザが広く使われています。

3 磁性

磁石、磁性は現代社会の中枢を支えるものといってよいでしょう。1000年後の社会に現代の文明を伝えることができるのはコンピューターのメモリだけでしょう。そのメモリは簡単にいえば磁石です。

その磁石を作っているのがレアアースなのです。磁石には多くの種類がありますが、強い磁石は軒並みレアアースを用いています。

磁石の強さの開発の歴史を図1に示しました。歴史的に有名な本田光太郎博士のKS鋼から、現在の高性能磁石まで、いかに大きな進歩があったかがよくわかります。

第9章 レアメタル・レアアースの化学

表1 テレビモニタ発色に使われるレアアース

	ブラウン管テレビ	薄型テレビ
赤	$Y_2O_2S - Eu^{3+}$	$(Y \cdot Gb) \cdot BO_3 - Eu^{3+}$
緑	$Ga_2O_2S - Tb^{3+}$	$Zn_2SiO_4 - Mn$
青	$ZnS - Al - In_2O_3$	$BaMgAl_{14}O_{23} - Eu^{3+}$

図1 磁石の強さの開発

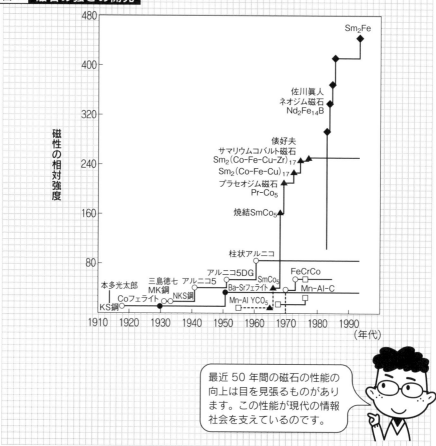

最近50年間の磁石の性能の向上は目を見張るものがあります。この性能が現代の情報社会を支えているのです。

- カラーモニタの発色はレアアースによるものである。
- YAGレーザなど、固体レーザの発振源にも使われる。
- 現代の超強力磁石にレアアースは欠かせない。

9-6 レアメタルに代わるもの

これまでに見たように、レアメタル、レアアースは現代化学産業に欠かせないものです。しかし資源量は限られており、特に日本は資源劣国です。どうしたらよいのでしょう。

1 コモンメタルの改質

人類はその知恵を凝らして金属と付き合ってきました。形を見ても、塊、針金、箔、粉末と各種あります。また、成型する場合も、鋳造、鍛造があります。各種の金属を混ぜる合金の技術もあります。更にこのような技術を組み合わせることによって金属は単体にはない優れた性質を獲得し、人類に貢献してきました。

このような技術で最近進歩したものとして、先に見たアモルファス金属があります。結晶形を取らない金属はこれまで人類が扱かったことはなく、それだけに新しく優れた性質の金属が誕生することが期待されます。もう一つはナノ粒子金属です。これは金属原子数百個が集団となった直径がナノメートルスケール(10^{-9}m)の極微小粒子です。このような粒子になると、融点が変化し、更に液体に対する挙動が変化することが知られています。ナノ粒子金属の研究は開発途上ですが、今後新しい発見が期待されます。

2 非金属元素の活用

金属元素は特有の性質を持っています。展性・延性、電気伝導性、磁性などはその典型です。しかし、展性・延性を持つのは有機物、すなわち炭素製品のプラスチックも同じです。また、ハサミでも切れず、防弾チョッキに使われるプラスチックもあります。

最近、金属と似た性質を持つ有機物が立て続けに開発されています。電気を通す有機物である伝導性高分子はすでに日常生活で活躍していますし、それどころか、有機超伝導体も開発されています。更に磁石に吸い付く有機磁性体も開発されました。

有機半導体も開発され、有機電池、有機太陽電池として実用化されています。このように金属以外の元素が金属を補う技術は今後もさらに発達することでしょう。

第9章 レアメタル・レアアースの化学

図1　金属の形と結晶

塊

針金

箔

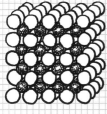
結晶

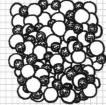
アモルファス

ナノ粒子

私たちの目にする固体金属は全てが結晶状態です。アモルファス状態、ナノ粒子状態の金属は結晶金属とは異なった性質を持ちます。今後の開発研究が待たれます。

図2　非金属の有機化合物が金属を補う

伝導性高分子

造花型の有機太陽電池

ポイント
- 金属を扱う技術開発によってコモンメタルが変貌する可能性がある。
- アモルファス金属、金属ナノ粒子などは新しい技術である。
- 有機超伝導体、有機半導体、有機磁性体など、有機物の活躍もある。

第10章
放射性元素と原子力

原子核は崩壊、核分裂、核融合などの原子核反応を起こします。この反応では膨大な量のエネルギーと共に非常に危険な放射線が発生します。原子力発電はこのエネルギーを使って発電する技術です。

10-1 超ウラン元素と放射性元素

原子番号92のウランより原子番号の大きい元素を、超ウラン元素といいます。超ウラン元素は例外を除けば地球上の自然界には存在しません。

1 超ウラン元素

　地球上の自然界に存在する元素は概ね、原子番号92のウランUまでといわれています。しかし、周期表を見ると原子番号118の元素まで書いてあります。

　原子番号92以上の原子は、自然界に存在するのではなく、原子炉等を用いて人為的に作ったいわば人造元素なのです。このような元素を一般に超ウラン元素といいます。

　超ウラン元素がなぜ自然界に存在しないのか、といえば、それはこれらの元素が不安定であり、地球の長い歴史の間に全て壊れてしまったからなのです。このような元素は超ウラン元素ばかりでなく原子番号43のテクネチウムTcも同じです。

　それでは、これらの原子はなぜ壊れてしまったのでしょうか？

2 放射性元素

　原子核は陽子と中性子からできています。ところが、この両者の個数の比が問題で、安定な比と不安定な比があるのです。この比は、同じ元素でも同位体によって違いますから、安定な同位体と不安定な同位体があります。

　不安定な比の同位体は中性子等の原子核の一部を放射線として放出して安定な同位体、あるいは元素に変化します。このようにして、不安定な同位体あるいは元素は消滅していくのです。

　このような同位体を一般に放射性同位体といいます。多くの元素はいくつかの同位体を持ち、その中には放射性のものと放射性でない同位体があります。ところが、原子番号が大きい元素は全ての同位体が放射性、というケースがでてきます。このような元素を放射性元素といいます。

　超ウラン元素は全てが放射性元素なのです。しかも、原子番号の大きい元素は半減期（8-4節参照）が短く、数千分の1秒などというものすらあります。誕生と同時に消滅するようなものです。

第10章 放射性元素と原子力

図1　超ウラン元素

H																	He
Li	Be		◻超ウラン元素								B	C	N	O	F	Ne
Na	Mg											Al	Si	P	S	Cl	Ar
K	Ca	Sc	Ti	V	Cr	Mn	Fe	Co	Ni	Cu	Zn	Ga	Ge	As	Se	Br	Kr
Rb	Sr	Y	Zr	Nb	Mo	Tc	Ru	Rh	Pd	Ag	Cd	In	Sn	Sb	Te	I	Xe
Cs	Ba	La	Hf	Ta	W	Re	Os	Ir	Pt	Au	Hg	Tl	Pb	Bi	Po	At	Rn
Fr	Ra	Ac	Rf	Db	Sg	Bh	Hs	Mt	Ds	Rg	Cn	Uut	Fl	Uup	Lv	Uus	Uuo

ランタノイド	La	Ce	Pr	Nd	Pm	Sm	Eu	Gd	Tb	Dy	Ho	Er	Tm	Yb	Lu
アクチノイド	Ac	Th	Pa	U	Np	Pu	Am	Cm	Bk	Cf	Es	Fm	Md	No	Lr

図2　放射性同位体

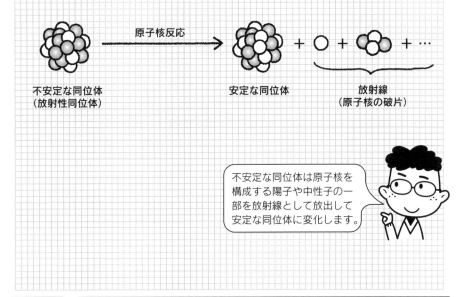

不安定な同位体（放射性同位体） → 原子核反応 → 安定な同位体 ＋ 放射線（原子核の破片）

不安定な同位体は原子核を構成する陽子や中性子の一部を放射線として放出して安定な同位体に変化します。

ポイント
- ●ウランより大きい元素を超ウラン元素といい、人工元素である。
- ●同位体には安定なものと不安定な放射性同位体がある。
- ●全ての同位体が放射性の元素を放射性元素という。

10-2 原子核反応と放射線

原子核の起こす反応を原子核反応といい、原子核崩壊、核融合、核分裂反応などがあります。原子核反応に影のように付き添うのが放射線です。

1 放射能・放射線・放射性物質

　この三つの言葉はよく聞く言葉ですが、違いが一般的に必ずしも明確でないようです。たとえで説明しましょう。

　野球でピッチャーが暴投し、ボールがバッターに当たって怪我をしたとしましょう。ボールが放射線です。そしてボールを投げたピッチャーが放射性物質です。もちろんバッターは被害者です（図１）。

　それでは"放射能"とは何でしょう？これは物質の名前ではありません。ピッチャーとしての能力なのです。ですから、放射性物質は全て放射能を持っていることになります。怖いのは放射線であり、それを放射する放射性物質なのです。

2 放射線

　放射線にはいろいろの種類がありますが、主なものは次のものです。
- α線：高エネルギー、高速で飛び回る ^{4}He の原子核です。
- β線：高エネルギー、高速で飛び回る電子です。
- γ線：光と同じ電磁波です。レントゲンを撮る X 線と同じものです。
- 中性子線：高エネルギー、高速で飛び回る中性子です。

3 原子核崩壊

　原子核反応には原子核崩壊、核融合、核分裂などがあります。原子核崩壊は原子核が放射線を放出して他の原子核に変化する反応です。放出する放射線の種類に応じてα崩壊、β崩壊などがあります。

　原子核で反応の前後を通じて原子番号、質量数が保存されます。すなわち反応式の左辺と右辺でZ、Aの総数は変化しないのです。原子核崩壊はこの瞬間にも地球内部で起こっています、そのときに出るエネルギー（熱）によって地球は暖まり、その中心が6000℃にもなっているのです。

　私たちの体内にも放射性の^{14}Cや^{40}Kがあり、β崩壊しています。つまり、体内で放射線が放出されているのです（図２）。

第10章　放射性元素と原子力

図1　放射線と放射性物質の関係

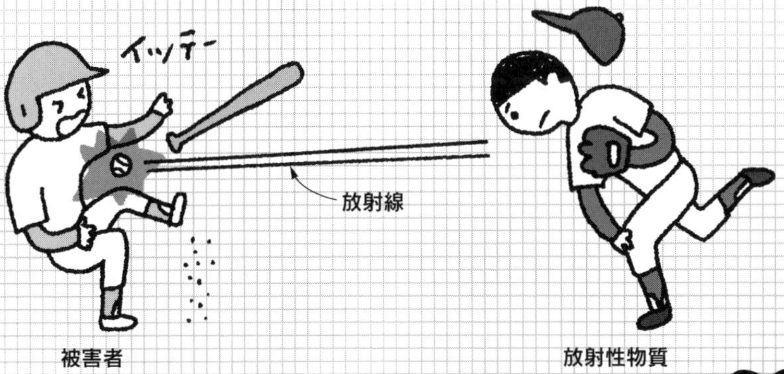

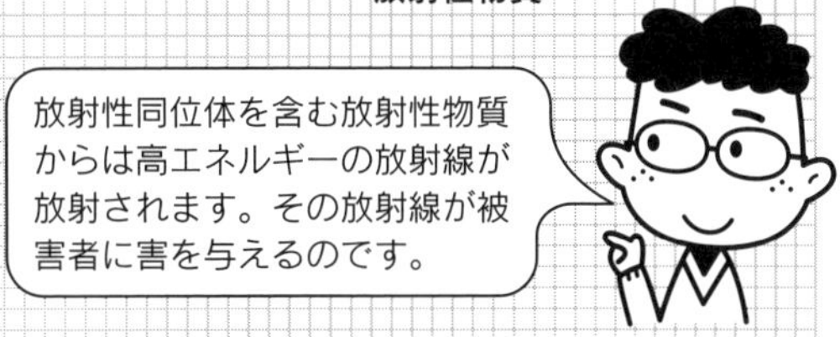

被害者　　　　　　　　　　　　放射性物質

放射線

放射性同位体を含む放射性物質からは高エネルギーの放射線が放射されます。その放射線が被害者に害を与えるのです。

図2　原子核崩壊

$${}^{A}_{Z}A \xrightarrow{\alpha崩壊} {}^{A-4}_{Z-2}B + {}^{4}_{2}He$$
α線

$${}^{A}_{Z}A \xrightarrow{\beta崩壊} {}^{A}_{Z+1}C + {}^{0}_{-1}e$$
β線

$${}^{A}_{Z}A \xrightarrow{\gamma崩壊} {}^{A}_{Z}A^{*} + \underset{\gamma線}{エネルギー} \xrightarrow{更なる崩壊} D$$
準安定核

$${}^{A}_{Z}A \xrightarrow{中性子崩壊} {}^{A-1}_{Z}A + {}^{1}_{0}n$$
中性子

$${}^{14}_{6}C \longrightarrow {}^{14}_{7}N + \beta$$
$${}^{40}_{19}K \longrightarrow {}^{40}_{20}Ca + \beta$$

｝地球内や体内

- 放射性物質から放出された放射線が被害者に害を与える。
- 放射線は原子核の破片のようなものであり、α、β、γ線などがある。
- 原子核が放射線を出して変化する反応を原子核崩壊という。

10-3 核融合と核分裂

人類は原子核反応から出るエネルギーを発電などに利用しています。その際の原子核反応は核融合と核分裂です。しかし核融合はまだ研究途上にあり、実用化されていません。

1 核融合反応

図1は原子核の持つエネルギーと質量数の関係です。質量数が大きくても小さくても高エネルギーであり、質量数60、すなわち鉄 Fe の辺りで極少になっていることがわかります。

ということは、小さい原子核を2個融合して大きな原子核にすれば、余分なエネルギーが放出されることになります。このような反応を核融合反応といい、エネルギーを核融合エネルギーといいます。この反応は恒星や太陽で実際に起こっている反応です。

人類は水素爆弾として核融合を人為的に起こすことに成功しました。現在は核融合炉として平和利用の開発を研究中ですが、前途多難なようです。

2 核分裂反応

図2によれば、大きな原子を壊して小さくしてもエネルギーが放出されることがわかります。このような反応を核分裂反応、エネルギーを核分裂エネルギーといいます。人類はこのエネルギーを原子爆弾として破壊的に実現し、現在は原子炉として原子力発電に利用しています。

よく知られた核分裂反応はウランの同位体 ^{235}U を用いたものです。^{235}U に中性子が衝突すると ^{235}U 原子核が分裂し、エネルギー、核分裂生成物とともに数個（2個としましょう）の中性子が発生します。この中性子が他の ^{235}U に衝突するとそれが核分裂して、また2個の中性子が発生します。

このようにして反応の規模はネズミ算式に拡大し、ついには爆発に至ります。これが原子爆弾の原理です。ところで、爆発がネズミ算的になるのは、1回の反応で発生する中性子の個数が2個だからです。もし1個なら、反応は継続しますが、拡大はしません。これが原子炉の原理なのです（図3）。原子炉内の中性子数をいかに制御するか、それが原子炉の命なのです。

第10章　放射性元素と原子力

図1　原子核エネルギー

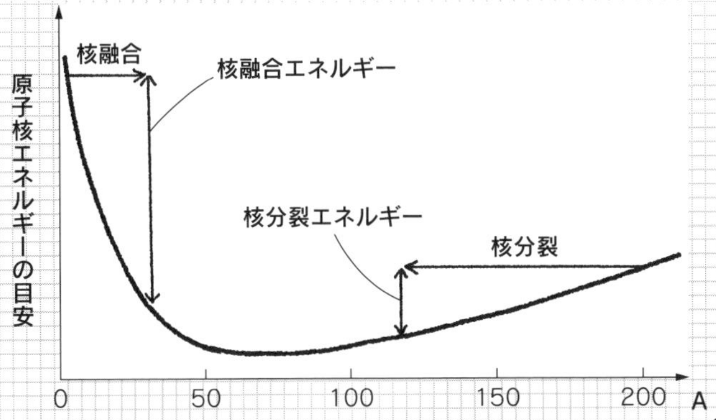

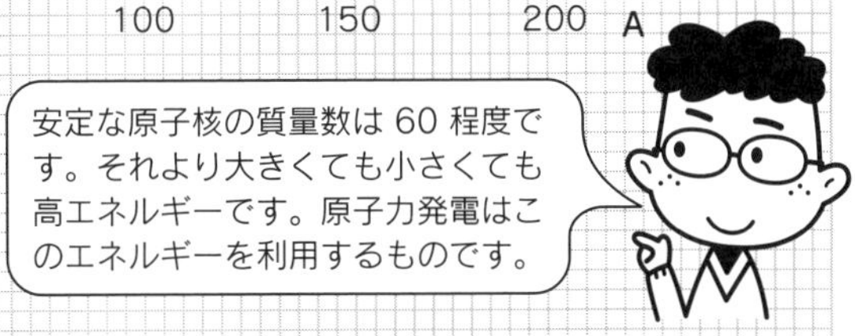

縦軸：原子核エネルギーの目安
横軸：A（0, 50, 100, 150, 200）

核融合 → 核融合エネルギー
核分裂エネルギー ← 核分裂

安定な原子核の質量数は60程度です。それより大きくても小さくても高エネルギーです。原子力発電はこのエネルギーを利用するものです。

図2　核分裂反応

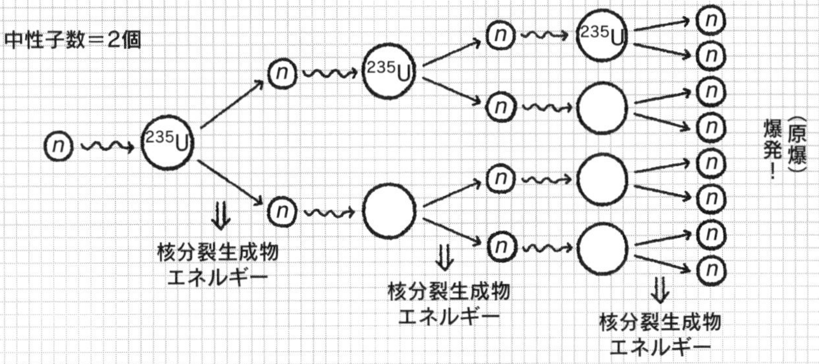

中性子数＝2個

n ～ ^{235}U → 核分裂生成物エネルギー → n ～ ^{235}U → 核分裂生成物エネルギー → n ～ → 核分裂生成物エネルギー → （原爆）爆発！

図3　原子炉の原理

中性子数＝1個

n ～ ^{235}U → n ～ ○ → n ～ ○ → n →（原子炉）定常燃焼

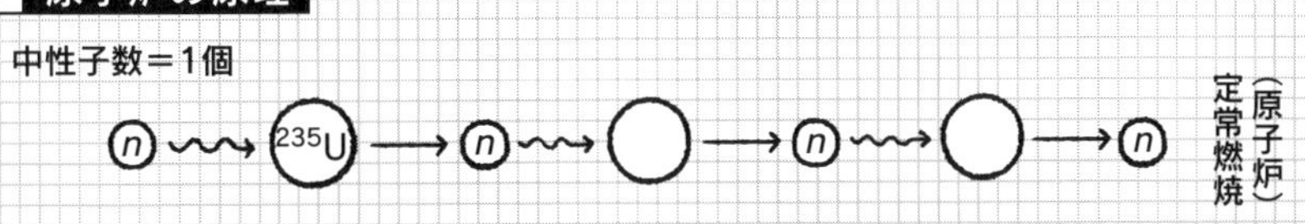

ポイント
- 小さい原子核を融合すると核融合エネルギーが発生する。
- 大きい原子核を分裂すると核分裂エネルギーが発生する。
- 核分裂反応が爆発に至るのは、反応で発生する中性子数に問題がある。

10-4 原子力発電と原子炉

核分裂エネルギーを用いて発電するのが原子力発電であり、核分裂反応を行って核分裂エネルギーを取り出す装置が原子炉です。原子炉はスチーム（水蒸気）を作り、それが発電機を回します。

1 原子力発電の原理

原子力発電の基本原理は火力発電と変わりません。火力発電はボイラーで水蒸気（スチーム）を作り、それを発電機のタービンにぶつけてタービンを回すことによって発電します。

原子力発電も同じです。原子炉でスチームを作りそれを発電機にぶつけて発電します。原子力発電の発電機も火力発電の発電機も基本は全く同じです。つまり、原子炉は現代技術の粋を尽くした大変な装置ですが、やっていることはお湯を沸かしてスチームを作っているだけなのです。

2 原子炉の構造

図1はこれ以上無理というところまで簡単化した原子炉です。

- 燃料体：^{235}U の塊です。天然の U には ^{235}U が0.7％しか含まれていません。99.3％は燃料にならない ^{238}U です。そこで ^{235}U の濃度を数％に高めてあります。この操作を濃縮といいます。
- 制御材：原子炉内の中性子数を制御する物質です。具体的には余分な中性子を吸収します。素材はハフニウム Hf などです。燃料体の中に深く挿入するほどたくさんの中性子を吸収します。
- 減速材：核反応で発生したばかりの中性子は高エネルギーで、光速の数分の1という高速で飛んでいます。これは ^{235}U とよく反応しません。そこで減速材に衝突させて減速させます。主に水が用いられます。
- 冷却材：主に水です。これがスチームとなって原子炉外に導かれ、発電機を回します。減速材と兼用です。

3 原子炉の稼働

ある量（臨界量）以上の燃料体を装着すると、燃料体は自発的に核分裂反応を開始します。そこで制御材を上下して出力を調整します。発生した熱は冷却剤がスチームとなって外部に放出します。制御材を深く挿入すれば原子炉は運転停止となります。

第10章　放射性元素と原子力

図1　原子炉の構造

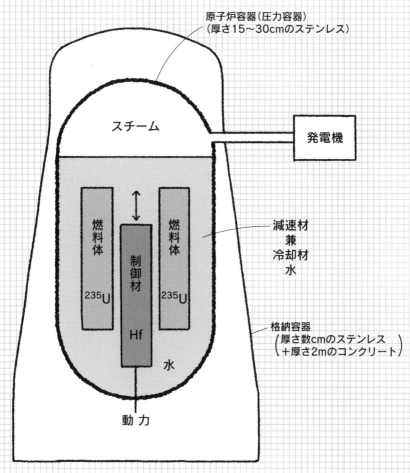

冷却材に普通の水を使うものを軽水炉、重水（D_2O）を用いるものを重水炉といいます。重水炉では核爆弾の原料であるプルトニウム Pu が効率よくできるので、主に軍事用に用いられます。

- 燃料の ^{235}U は0.7%しか含まれないので濃縮しなければならない。
- 中性子の速度を落とす減速材が必要である。
- スチームとなる冷却材の水が減速材を兼ねる。

10-5 原子力発電の問題点

原子力発電は最先端技術の結集です。それだけに問題点もあります。特に使用済核燃料は高い放射能を持ち、大変に危険です。これをどのように処置、保管するのかは大きな問題です。

1 事故の対策

　原子炉も装置です。故障や事故のない装置はありません。1979年に米国で起こったスリーマイル島事故、1986年に当時のソ連で起こったチェルノブイリ事故、2011年の福島原子炉で起こったような大事故は論外として、小さな事故はいつ起こらないとも限りません。

　原子炉事故が怖いのは放射線が漏れ出ることです。決してそのようなことのないよう、謙虚に対策することが重要です。

2 使用済み核燃料

　核分裂を終えた燃料体のことです。核分裂反応では^{235}Uが分裂して多くの種類の小原子核の集合体、核分裂生成物になります。この小原子核は全てが強力な放射性物質であり、原子核崩壊反応を起こして発熱しています。つまり、大量の放射線を放射する非常に危険なものです。

　この使用済み核燃料の原子核崩壊反応はいつまで続くのか？想像を絶します。完全に終わるのは数百万年先かもしれません。その間放射線を出し続けます。したがってその間、厳重に保管しなければなりません。

　熱を除去するため、使用済み核燃料はしばらくの間冷却水で満たされたプールに保管します。水は減速材ですから中性子の速度を落とすので、水は中性子の遮蔽材にもなっています。発熱が収まった使用済み核燃料は化学的に処理してプルトニウムPu等の必要成分を取り除きます。この操作を再処理といいます。

　再処理の終わった使用済み核燃料はガラスなどとともに熔融して固めますが、その先の始末が、多くの国で決まっていません。北欧の国では岩塩を掘った坑道などを利用して地下数百メートルの貯蔵庫を作り、そこで保管することにしました。

　しかし、日本ではまだ決まっていません。地下に貯蔵しても地震の恐れがあり、簡単ではないようです。議論を重ねている間にも使用済み核燃料は増え続けているのです。

第10章 放射性元素と原子力

図1　原子炉発電と原子炉事故

チェルノブイリ原子炉は石の棺桶ともいわれる厳重なコンクリートで覆われています。福島では処理にこの先30年はかかるといわれています。

- これまでに3回以上の大事故が起こっている。事故対策が重要である。
- 使用済み核燃料は長期間にわたって放射線を出し続ける。
- 使用済み核燃料の処理、保管が問題である。

10-6 高速増殖炉

核分裂反応を起こして発電を終えた後に、原子炉を見ると、最初に入れた量以上の燃料が入っていた。これが高速増殖炉です。魔法のようですが、本当に起こるのです。

1 高速増殖炉の原理

「"高速"増殖炉」というのは「"高速"中性子」を用いた増殖炉という意味です。増殖が高速で行われるという意味ではありません。"増殖"というのは、そのものずばり、燃料が増えることです。

魔法のような話ですが、原理は簡単です。普通の原子炉で用いる燃料体の数％は ^{235}U ですが、残りは燃料にならない ^{238}U です。しかし ^{238}U は原子炉内の高速中性子と反応して人工元素であるプルトニウム ^{239}PU となります（図1）。この ^{239}Pu が ^{235}U と同じように核分裂をするので原子炉の燃料になるのです。

使用済み核燃料を再処理して ^{239}Pu を取り出します。これと ^{238}U を混ぜた燃料（モックス燃料）を作り、原子炉で燃料として使用します。すると ^{239}Pu が分裂してエネルギーを出し、発電します。残った燃料体では、^{239}Pu は核分裂生成物となりますが、^{238}U は ^{239}Pu という燃料に生まれ変わっているのです。つまり、燃料 ^{239}Pu が増えたのです（図2）。

2 高速増殖炉の長所と短所

長所は燃料にならない ^{238}U を燃料にできるということです。ウランの可採埋蔵量は100年ほどといわれます。ただしこれは0.7％しかない ^{235}U を利用した場合の計算です。もし残りの99.7％も使うことができるとすれば可採埋蔵量は単純計算で1万年以上になります。

短所は冷却剤です。普通の原子炉では水を用います。しかし水は減速材です。高速中性子を低速の熱中性子にしてしまいます。これでは ^{238}U は反応しません。高速中性子は水の水素Hに衝突して減速します。したがって油のようなHを含むものは使えません。

高速増殖炉で用いる冷却材は金属ナトリウムNaです。これは水より軽く、100℃ほどで液体になりますが、水と激しく反応して爆発します。1995年、高速増殖炉の実験炉「もんじゅ」で起こった事故がこのナトリウム漏れでした。幸い、爆発には至りませんでしたが、それ以来、現在に至るまでもんじゅは再稼働できずにいます。

第10章 放射性元素と原子力

図1 高速増殖炉の原理

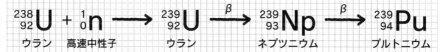

^{238}U を燃料の ^{239}Pu に変えるためには高速中性子が必要です。もし冷却材に水を用いると高速中性子は減速されてしまい、この反応が起きなくなってしまいます。

図2 高速増殖炉のしくみ

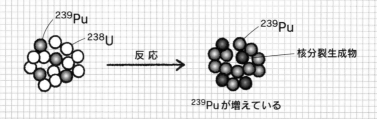

図3 高速増殖炉の冷却材爆発の原理

$$2Na + H_2O \longrightarrow 2NaOH + H_2 + 発熱$$

$$2H_2 + O_2 \longrightarrow 2H_2O + 発熱 \qquad (爆発)$$

- 高速増殖炉は高速中性子を用いて燃料の^{239}Puを増殖する。
- 燃料にならない^{238}U は高速中性子と反応して燃料の^{239}Puになる。
- 高速増殖炉では冷却剤として反応性の高い金属ナトリウムを用いる。

〔参考文献〕

無機化学―その現代的アプローチ　第2版　平尾一之他　東京化学同人（2013）
ベーシックマスター　無機化学　増田秀樹他　オーム社（2010）
絶対わかる無機化学　齋藤勝裕、渡會仁　講談社（2003）
無機化学　　齋藤勝裕、長谷川美貴　東京化学同人（2005）
はじめて学ぶ化学「無機化学」　齋藤勝裕　ナツメ社（2007）
金属のふしぎ　齋藤勝裕　SBクリエイティブ（2008）
大学の無機化学　齋藤勝裕　裳華房（2009）
へんな金属すごい金属　齋藤勝裕　技術評論社（2009）
レアメタルのふしぎ　齋藤勝裕　SBクリエイティブ（2009）
マンガでわかる元素118　齋藤勝裕　SBクリエイティブ（2011）
元素がわかると化学がわかる　齋藤勝裕　ベレ出版（2012）
周期表に強くなる　齋藤勝裕　SBクリエイティブ（2012）
マンガでわかる無機化学　齋藤勝裕　SBクリエイティブ（2014）
知られざる鉄の科学　齋藤勝裕　SBクリエイティブ（2016）
数学フリーの「物理化学」　齋藤勝裕　日刊工業新聞社　（2016）
数学フリーの「化学結合」　齋藤勝裕　日刊工業新聞社　（2016）

【著者紹介】

齋藤　勝裕（さいとう　かつひろ）
1945年生まれ。1974年東北大学大学院理学研究科化学専攻博士課程修了。
現在は愛知学院大学客員教授、中京大学非常勤講師、名古屋工業大学名誉教授などを兼務。
理学博士。専門分野は有機化学、物理化学、光化学、超分子化学。
著書は「絶対わかる化学シリーズ」全18冊（講談社）、
「わかる化学シリーズ」全14冊（オーム社）、『レアメタルのふしぎ』『マンガでわかる有機化学』『マンガでわかる元素118』（以上、SBクリエイティブ）、
『生きて動いている「化学」がわかる』『元素がわかると化学がわかる』（以上、ベレ出版）、『すごい！iPS細胞』（日本実業出版社）、『数学フリーの「物理化学」』『数学フリーの「化学結合」』『数学フリーの「有機化学」』『数学フリーの「高分子化学」』（以上、日刊工業新聞社）など多数。

数学フリーの「無機化学」　NDC 435

2017年2月21日　初版1刷発行　（定価はカバーに表示してあります）

Ⓒ　著　者　齋藤　勝裕
　　発行者　井水　治博
　　発行所　日刊工業新聞社
　　　　　　〒103-8548
　　　　　　東京都中央区日本橋小網町14-1
　　電　話　書籍編集部　03（5644）7490
　　　　　　販売・管理部　03（5644）7410
　　ＦＡＸ　03（5644）7400
　　振替口座　00190-2-186076
　　ＵＲＬ　http://pub.nikkan.co.jp/
　　e-mail　info@media.nikkan.co.jp
　　印刷・製本　美研プリンティング㈱

落丁・乱丁本はお取り替えいたします。　　2017 Printied in Japan
ISBN978-4-526-07664-0　C3043

本書の無断複写は、著作権法上での例外を除き、禁じられています。